昆虫顔面大博覧会

著
海野和男

発行
人類文化社
発売
桜桃書房

CONTENTS
目次

膜翅目
- 006 ミツバチ
  - ニホンミツバチ
- 008 クマバチ
  - オオマルハナバチ
  - ヤマトハキリバチ
- 010 オオスズメバチ
- 012 セグロアシナガバチ
  - キボシアシナガバチ
  - コアシナガバチ
  - フタモンアシナガバチ
- 014 トックリバチ
  - オオフタオビドロバチ
  - オオモンクロベッコウ
  - ジガバチ
  - スズバチ
  - ヒメベッコウ
  - モンキジガバチ
- 016 クロオオアリ
- 018 クロヤマアリ
- 020 クロクサアリ
  - アズマオオズアカアリ
  - クロナガアリ
  - トゲアリ
  - トビイロケアリ
  - ムネアカオオアリ

双翅目
- 022 オオハナアブ
  - アカウシアブ
  - ウシアブsp.
  - キンバエsp.
  - ツマグロキンバエ
  - ハチモドキハナアブ
  - メクラアブ
- 024 オオイシアブ
  - コムライシアブ
  - カマバエsp.
  - シオヤアブ
  - ハタケヤマヒゲボソムシヒキ
  - マガリケムシヒキ
- 026 ヤマトヤブカ
  - アカイエカ
  - シナハマダラカ
  - ヒトスジシマカ

甲虫目
- 028 ミヤマクワガタ
  - アカアシクワガタ
  - カブトムシ
  - コクワガタ
  - スジブトヒラタクワガタ
  - ツシマヒラタクワガタ
  - ヒラタクワガタ
  - ミクラミヤマクワガタ
- 032 ノコギリクワガタ
- 034 オオクワガタ
  - ヒメオオクワガタ
- 036 カブトムシ
- 038 アオカナブン
  - カナブン
- 040 コアオハナムグリ
  - キョウトアオハナムグリ
  - クロハナムグリ
  - シロテンハナムグリ
  - ヒメトラハナムグリ
- 042 コガネムシ
  - コイチャコガネ
  - コフキコガネ
  - ドウガネブイブイ
  - ヒゲコガネ
  - ビロウドコガネ
  - ミツノエンマコガネ
- 044 シロスジカミキリ
  - ウスバカミキリ
  - キボシヒゲナガカミキリ
  - クワカミキリ
  - ゴマダラカミキリ
  - ミヤマカミキリ
- 046 トラフカミキリ
  - キスジトラカミキリ
  - クリストフコトラカミキリ
  - ヒメアトスカシバ
  - ヒメカマキリモドキ
  - ブドウトラカミキリ
  - ヨツスジハナカミキリ
- 048 コナラシギゾウムシ
  - ハイイロチョッキリ
- 050 ヒメシロコブゾウムシ
  - オオゾウムシ
  - クロカタゾウムシ
  - シロオビアカアシナガゾウムシ
  - マダラアシゾウムシ
- 052 ムツモンオトシブミ
  - ウスアカオトシブミ
  - ゴマダラオトシブミ
  - ナミオトシブミ
- 054 ドロハマキチョッキリ
  - イタヤハマキチョッキリ
- 056 ルリハムシ
  - アカガネサルハムシ
  - キクビアオハムシ
  - クルミハムシ
  - クロウリハムシ
  - ムナキルリハムシ
  - ルリマルノミハムシ
- 058 ジンガサハムシ
  - アカクビナガハムシ

昆虫

イネクビボソハムシ
オオアカマルノミハムシ
コヤツボシツツハムシ
スゲハムシ
セスジツツハムシ
- 060 トホシハムシ
クロボシツツハムシ
ヤツボシツツハムシ
ヨツボシナガツツハムシ
- 062 タマムシ
ウバタマムシ
クロタマムシ
クロホシタマムシ
シロオビナカボソタマムシ
- 064 ニホンベニコメツキ
アカハネムシ
カクムネベニボタル
スジグロベニボタル
ベニカミキリ
- 066 ジョウカイボン
キンイロジョウカイ
- 068 ヒメマイマイカブリ
アオオサムシ
エサキオサムシ
- 070 オオホソクビゴミムシ
オオアトボシアオゴミムシ
オオキベリアオゴミムシ
ヤホシゴミムシ
- 072 ハンミョウ
- 074 マルクビツチハンミョウ
- 076 ゲンゴロウ
ガムシ
マルガタゲンゴロウ
- 078 ナミテントウ
- 080 ナナホシテントウ
- 082 カメノコテントウ
- 084 トホシテントウ
アカホシテントウ
エゾアザミテントウ
オオニジュウヤホシテントウ
キイロテントウ
- 086 ゲンジボタル
オオシママドボタル
オバボタル
- 088 ハネカクシの仲間
アオバアリガタハネカクシ
ホソフタホシメダカハネカクシ
- 090 ヨツボシヒラタシデムシ
クロヒラタシデムシ
クロボシヒラタシデムシ
ヒメヒラタシデムシ
ヒラタシデムシ
モモブトシデムシ
ヤマトモンシデムシ

- 092 アオハムシダマシ
アトコブゴミムシダマシ
クワガタゴミムシダマシ
スジカミキリモドキ
フトナガニジゴミムシダマシ
モモブトカミキリモドキ

鱗翅目
- 094 キアゲハ
- 096 ミヤマカラスアゲハ
オナガアゲハ
クロアゲハ
クワコ
ツマベニチョウ
ビロードスズメ
ミカドアゲハ
アゲハ
- 098 モンシロチョウ
イチモンジセセリ
ベニシジミ
ミヤマセセリ
モンキチョウ
- 100 オオムラサキ
スミナガシ
- 102 ホシホウジャク
オオスカシバ
オキナワクロホウジャク
スキバホウジャク
ホウジャク
- 104 ウスタビガ
アオリンガ
オオシモフリスズメ
オオミズアオ
セダカシャチホコ
トガリバsp.
- 106 クスサン
エゾヨツメ
コウチスズメ
ヒメヤママユ
ヤママユ
- 108 トビモンオオエダシャク
カギシロスジアオシャク
キエダシャク

直翅目
- 110 トノサマバッタ
- 112 ショウリョウバッタ
ショウリョウバッタモドキ
- 114 コバネイナゴ
オンブバッタ
ツチイナゴ
メスアカフキバッタ
- 116 カワラバッタ
ヒシバッタ

顔面

大

- 118 キリギリス
- 120 クビキリギス
  - カヤキリ
  - クサキリ
- 122 ヤブキリ
  - アシグロツユムシ
  - クツワムシ
  - ハヤシノウマオイ
- 124 コロギス
  - ハネナシコロギス
- 126 エンマコオロギ
  - アリヅカコオロギ
  - タンボオカメコオロギ
  - ツヅレサセコオロギ
  - ハラオカメコオロギ
  - ミツカドコオロギ
- 128 スズムシ
- 130 カンタン
  - アオマツムシ
  - カネタタキ
  - クサヒバリ
  - マツムシ
- 132 ケラ

カマキリ目
- 134 オオカマキリ

ナナフシ目
- 136 エダナナフシ
  - コブナナフシ
  - ツダナナフシ
  - トビナナフシ
  - ナナフシ

トンボ目
- 138 モノサシトンボ
  - アジアイトトンボ
  - オツネントンボ
  - キイトトンボ
  - ルリイトトンボ
- 140 カワトンボ
  - アオハダトンボ
  - ハグロトンボ
  - ミヤマカワトンボ
  - リュウキュウハグロトンボ
- 142 ルリボシヤンマ
  - アキアカネ
  - オニヤンマ
  - ギンヤンマ
  - トラフトンボ

半翅目
- 144 アブラゼミ
  - エゾゼミ
  - ヒグラシ
- 146 ミンミンゼミ
  - クマゼミ
  - チッチゼミ
  - ニイニイゼミ
  - ハルゼミ
- 148 ツマグロオオヨコバイ
  - クロヒラタヨコバイ
  - トビイロツノゼミ
  - ナシグンバイ
  - ベニキジラミ
  - ミミズク
  - 雪虫（ワタムシ）
- 150 アオクチブトカメムシ
  - アカスジカメムシ
  - アカスジキンカメムシ
  - エゾアオカメムシ
  - シマサシガメ
  - ヒメツノカメムシ
- 152 タガメ
  - コオイムシ
  - タイコウチ
- 154 マツモムシ
  - オオアメンボ
  - ミズカマキリ

脈翅目
- 156 キバネツノトンボ
  - ツノトンボ
  - ヘビトンボ
- 158 クサカゲロウの仲間
  - ウスバカゲロウ
  - クサカゲロウsp.

シリアゲムシ目
- 160 プライヤシリアゲ
  - オオハサミシリアゲ
  - ヤマトシリアゲ

カワゲラ目
- 162 カワゲラの仲間
  - カゲロウsp.
  - カワゲラsp.
  - セッケイカワゲラ

ハサミムシ目
- 164 コブハサミムシ
  - オオハサミムシ

- 005 はじめに
- 166 環境省2000年 レッド・データ
- 172 和名・学名索引

はじめに

海野和男

　昆虫の世界は多様性の世界だと言われる。昆虫は動物の中で最も種類数が多い。種類数が多いと言うことは、そのおのおのが様々な形態を持ち、様々な生き方をしているわけだ。言い換えれば地球上で最も繁栄しているグループの動物が昆虫なのである。

　日本に住んでいる昆虫は、わかっているだけでおよそ3万種。実際にはその何倍もの種類がいるらしい。そして世界中には1000万種を超える昆虫がいるのではと言われている。

　どうしてこんなに昆虫たちは繁栄しているのだろうかとよく考える。ぼくはその理由の一つは、昆虫が小さな生き物であることだからであると思う。チョウやトンボは昆虫の中では大きな体を持つ生き物だ。その種類数はおのおの200種ちょっとだ。つまりチョウやトンボは、昆虫全体の種類数の1%にも満たないのである。

　ほとんどの昆虫は体長が1cm以下である。例えばテントウムシは体長わずか8mmほどしかない。昆虫たちは小さいが故に、狭い場所にも生息でき、種類を増やし繁栄してきたと思われる。体が小さければ占有する空間も小さくてすむ。

　考えてみれば、道ばたの小さな草むらも、テントウムシにとっては広大なジャングルにも匹敵する。テントウムシは8mmほどの大きさであるから、我々人間の1/200程の大きさだ。幅1m、長さ1m、高さ50cmの草の生えた草むらがあったとしよう。我々がテントウムシほどの大きさであって、そこに人間の尺度を持ち込めば、その草むらは幅200m、長さ200m、そして100mもある大木の茂る林であるのだ。

　昆虫の寿命は人間と比べたらずっと短い。アゲハチョウの一生は卵から成虫になって死ぬまで、わずか2ヶ月である。この2ヶ月間の命の中に、私たちの一生と同じようなドラマがある。そんなことを考えていると虫たちにとって、そして私たちにとって、そもそも時間や空間とはいったいなんだろうかと思ってしまう。

　草むらにしゃがみ込んでマクロレンズで昆虫の生活を覗いていると、自分が虫の世界に迷い込んだような錯覚に陥ることがある。ファインダーの中に拡大されたテントウムシが、ばりばりとアブラムシを食べている。あの小さなテントウムシが巨大な生き物に見える。そんなとき、ぼくはアリマキでなくてよかったなと思う。そんなテントウムシに寄生バチが針を突き立てる。ファインダーの中に複雑に絡み合った生物の食物連鎖の世界が見えてくる。

　昆虫写真の魅力の一つは小さな世界に迷い込んで、異次元の空間を見ることであると思う。ファインダーの中にどんどん引き込まれていけば、そのうちに、ぼくはテントウムシにも、アリマキにもなれるのである。普段見られない世界が見えてくるから、現実と空想の世界の狭間で遊ぶことができる。

　35mmカメラを使った場合、フイルムのサイズは対角線でおよそ35mmである。だから体長8mmのテントウムシを、画面に入りきらないぐらいの大きさに写そうとすれば、2倍以上の拡大率の写真を撮らなければならない。これが案外難しい。

　小さな世界を拡大するクローズアップ撮影では、被写界深度がとても浅い。被写界深度とはピントの合う範囲のことだ。被写界深度は絞りを絞れば大きくなるから、こういった高倍率の撮影では、できるだけ絞り込んで撮影する。普通、絞りはF16以上を使う。しかしこれだけ絞り込んでも、本当にピントがきちっと来る範囲は1mm程度である。何とかピントがあった写真に見せるには昆虫の目にちゃんとピントが合っていなければならない。そして全体にもある程度ピントがあったように見える角度から撮影することが必要だ。

　絞り込むとシャッター速度が遅くなる。例えば晴れた日に2倍の拡大率の撮影をするとF16で1/8秒が適正露出だ。これでは手持ちではぶれてしまう。たとえ三脚を使っても、昆虫自体の動きや風の影響でブレがでる。そこで撮影は全てストロボを使うことになる。ストロボは閃光時間が1/1000秒以下なのでほとんどぶれることはない。使うレンズはマクロレンズという接写ができるレンズである。たいていのマクロレンズは等倍、つまり対角線で35mmのものを画面いっぱいに写すことができる。大きな昆虫はこれで充分迫力ある写真が撮れる。しかしテントウムシのような小さな昆虫を迫力あるアップで撮ろうとすれば、それ以上の倍率が必要となる。こういったレンズはあるにはあるが、高価だったり、高倍率専用なのであまり一般的ではない。

　ぼくは高倍率のマクロレンズもよく使うが、普通のマクロレンズにクローズアップレンズを併用したり、テレコンバーターを使用したりして倍率を上げて撮影することも多い。例えば50mmのマクロレンズに2倍のテレコンバーターを使用し、高倍率のクローズアップレンズをつければ3倍程度の撮影は楽にできる。

　どうやったらシャープな写真を撮れるか、試行錯誤を繰り返すのも楽しみの一つだ。特にクローズアップレンズは製品によって性能が著しく異なるし、マスターレンズとの相性も問題となる。いろんなレンズを使ってどの組み合わせがよいか試して、よい結果にはしゃいだりする。現在まで使用したクローズアップレンズで最も性能のよいのは、オリンパスの80mmマクロレンズ用のクローズアップレンズだ。ぼくはこのレンズを様々なカメラにつけて使用している。しかしこのクローズアップレンズは口径が小さく、使うマスターレンズによってはケラレが出て使えない場合もある。

　クローズアップ撮影は普段見られない世界が見つかるから楽しい。本書は長年、楽しんで撮影してきた写真からアップのものを選んで構成したが、本にしようとすると写真が足りなかったりして、撮り直したものも多い。最後にこの本が昆虫の多様な世界の魅力のごく一部でも伝えることができたなら、それは著者にとって最も喜びとすることを付け加えておこう。

↑花から顔を出した瞬間を狙った。花の蜜を吸うための長い口吻がよく目立つ。目玉にも毛が生えているようだ。

ミツバチ
←美しい黄色のレンゲの花粉団子を脚につけている。後脚には花粉を付けるための花粉バスケットを持っている。

ミツバチ

Apis mellifera（学名）　北海道〜九州（分布）…働きバチ13mm、女王バチ17mm（体長）…田園、草原（環境）

●膜翅目ミツバチ科

在来種と輸入種

　普通我々がミツバチと呼んでいるのはセイヨウミツバチのことだ。日本には他にニホンミツバチがいる。ニホンミツバチは日本の在来種で、セイヨウミツバチは人為的に輸入されたものだ。

　セイヨウミツバチはアフリカ原産のものをヨーロッパ人が改良したもので、野生種と比べ性質が穏和で蜜をたくさん集めてくれる。巣箱を用意すれば、そこから逃げ出すこともほとんどないので養蜂に適したハチだ。

　ニホンミツバチはセイヨウミツバチと比べ、からだが一回り小さく黒っぽいのが特徴で、木のうろや岩の割れ目などに巣を作る。かつてはニホンミツバチも蜜を採るために利用されたが、今は趣味以外ではあまり飼育されることはない。ミツバチの一番の天敵はスズメバチだ。ニホンミツバチはスズメバチと果敢に闘い、大勢でスズメバチに取り付き温度を上げてスズメバチを殺す対抗策を持っている。しかし元々大型のスズメバチがいない地域原産のセイヨウミツバチには、そのような技はない。スズメバチの多い地域の養蜂家は、入り口に金網で作ったトラップなどを仕掛けて、スズメバチを防がなければならない。

ニホンミツバチ
↑日本原産のニホンミツバチは色が黒っぽく、やや小型だ。

ミツバチ
←中心にいるのが産卵中の女王バチ。必ず働きバチが女王を囲んでいる。

007

↑ツツジの花に穴をあけて蜜を盗むクマバチ。

クマバチ
→クマバチのオスは交尾してもメスを遠くへ連れ去ってしまうことが多く、交尾はなかなか見ることができない。

クマバチ

Xylocopa appendiculata（学名）　北海道〜九州（分布）…約22mm（体長）…田園、草原（環境）

膜翅目ミツバチ科
刺さないハチ

　5月頃見晴らしのよい丘の上に行くと、必ずと言ってよいほどクマバチに出会う。高さ2mぐらいの空中でホバリング（空中停止飛行）をしている。これは全てオスのハチでメスが現れるのを待っているのだ。他のオスが来るとものすごい勢いで追い掛けていく。あっと言う間に消えるが、たいていはもといたオスが侵入者を追い払って元の場所に戻ってくる。

　このようにテリトリーを張っているオスは、つかまえても決して刺すことはない。ハチの毒針は産卵管の変化したものだから、オスには針がないのである。

　花のところで出会うクマバチは、オスもメスもいるから迂闊には触らない方がよい、と言ってもクマバチは見かけによらずおとなしいハチで、強くつかんだりしない限りは刺すことはない。

　クマバチの口吻は鋭く、花の付け根に口で穴をあけて蜜を吸うことが多いので、実は花にとってはあまりありがたくない存在だ。けれどマメ科植物ではエニシダやフジなどクマバチがもぐり込んで蜜を吸う植物も多く、こういった場合は受粉の手助けをすることになる。

オオマルハナバチ
←マルハナバチの仲間の口吻はとても長いが、花にさし込む前後にちらっと見えるだけだ。

クマバチ
↑空中停止飛行しているクマバチは全てオスだから刺さない。

ヤマトハキリバチ
←大顎を使って葉を上手に切り取っている。

オオスズメバチ

Vespa mandarinia（学名）　北海道〜九州（分布）…約37〜44mm（体長）…林の周辺（環境）

●膜翅目スズメバチ科

世界で最も恐ろしいハチ

　世界で最も強いハチはオオスズメバチであろう。集団生活者で、巣の近くでハチを驚かせたりすると集団で襲ってくる。刺されるとかなりの痛みがあり、下手をすると死亡することもある。数カ所刺されたぐらいでは最初は死ぬことはないが、二度目に刺されるとアレルギーを起こしショック死する体質の人もいると言うから、十分気を付けなければならない。

　オオスズメバチに出会う確率が最も多いのは、夏から秋の雑木林である。特にクヌギの樹液にはたくさん集まってくる。オオスズメバチが集まり出すと、その鋭い歯で樹皮を噛むから樹液の出が良くなる。カブトムシやクワガタムシにとっては好都合だが、オオスズメバチは貪欲で暗くなるまで樹液を吸っていることもある。オオスズメバチが多い樹液では朝や夕方はカブトムシやクワガタムシですら追い出されてしまうことも多い。ましてや昼間樹液に集まるチョウやカナブンにとっては、オオスズメバチがいると樹液を吸えないから迷惑この上ないのである。

　またオオスズメバチは秋になると、ミツバチやアシナガバチの巣を襲って幼虫を食べてしまうことがある。特にアシナガバチはオオスズメバチの前では全く手も足も出ない。何もすることができず、ただただじっとかたまってされるがままにしているアシナガバチの姿を見ると、生きるとは因果なものだと思うのである。

←恐ろしげな顔つき。世界で最も毒の強いハチと言われている。

オオスズメバチ
↑よその巣のハチと出会ったのか、とっくみあいの喧嘩をはじめた。

オオスズメバチ
←同じ巣の仲間同士では、口移しをして仲間であることを確認していた。

オオスズメバチ
→アシナガバチの巣が襲われた。アシナガバチははむかうことすらしない。

セグロアシナガバチ

Polistes jadwigae（学名） 本州〜八重山（分布）…約28mm（体長）…住宅地、林の周辺（環境）

●膜翅目スズメバチ科

紙で巣を作るハチ

　セグロアシナガバチは、人家の軒先などに巣を作る大型のアシナガバチだ。越冬した女王が4月末に巣作りをはじめ、最初の1ヶ月間は母バチはせっせと餌を運び幼虫を育てる。生まれてきた子供は全てメスの働きバチだ。働きバチが増えると母バチはあまり巣の外に出ることなく、卵を産み続けるので巣はどんどん大きくなる。アシナガバチの巣は木の皮などをかみ砕いて唾液と混ぜ、パルプ上にしたもので作られる。それは紙づくりの方法と大差ない。だから英語ではアシナガバチのことをペーパーワスプと呼ぶ。

　アシナガバチ類は自分の食事としては花の蜜を好む。しかし幼虫に与えるのは主に鱗翅類の幼虫、つまりイモムシである。幼虫の皮をはぎ、かみ砕いて肉団子状にして巣に持ち帰り幼虫に与える。働きバチは巣の世話を良くする。雨が降って、雨水がたまればそれを口で吸い取り巣の外へ捨てるし、暑いときは巣の上ではねを振るわせて風を幼虫に送る。

　オスバチは秋に現れ、働きバチより一回り小さく触角が長い。晩秋の頃、アシナガバチが葉の上などに固まっていることがあるが、これは結婚飛行に出たオスバチである。アシナガバチは冬が来る前にオスバチは勿論働きバチも死滅し、越冬するのは秋に生まれ、交尾を済ませた新しいメスバチだけである。

コアシナガバチ
↑幼虫が体を乗り出して餌をねだると、口移しで餌を与える。

フタモンアシナガバチ
↑フタモンアシナガバチは花の蜜が特に好きだ。

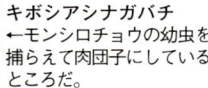

キボシアシナガバチ
←モンシロチョウの幼虫を捕らえて肉団子にしているところだ。

←スズメバチと比べれば可愛い顔をしているとも思うが、それでも刺されればかなり痛い。

セグロアシナガバチ
→春先、作ったばかりの巣に卵を産む女王。

↑泥をこねてトックリ状の巣を作る技は、まさに職人芸だと言える。

トックリバチ

Eumenes micado（学名）　北海道〜九州（分布）…10〜15mm（体長）…田園、林の周辺（環境）

膜翅目スズメバチ科　昆虫界の陶芸作家

　トックリバチは泥を集めて水とこねて、ろくろを回すような鮮やかな手さばきで？　トックリ状の巣を作るハチだ。トックリの大きさは種によって異なるが、せいぜい1〜2cm程度の小さなものだ。どうしてこのような美しい形を作ることができるのか、巣を見るたびに不思議に思う。

　巣作りをするのはメスバチで、作り終えると、中に卵を一つだけ天井からぶら下げるようにして産みつける。そして今度は狩りに出かけ小さなイモムシをたくさん捕らえてくる。獲物は針で刺され、麻酔されているが死んでいるわけではない。

　巣の中が獲物でいっぱいになると、入り口を泥でふさいで母バチはどこかへ行ってしまう。母がいなくても、幼虫は泥でできた巣の中で十分な食物を得て育つ。獲物は生きながら食べられるという恐ろしい目にあうのだが、幼虫にしてみればいつも新鮮な餌があることになる。そして全部食べきると蛹になるのである。獲物の数もきちんと決まっているわけではないが、母バチはどうしてこれでちょうどよい量の餌だということがわかるのだろうか。

　トックリバチのようにメスが単独で暮らし、狩りをし、獲物を幼虫の餌として貯え、卵を産むハチを一般にカリウドバチと呼んでいる。獲物は種類により異なっている。トックリバチと同じように鱗翅目の幼虫を狩るハチにはドロバチ、スズバチ、ジガバチなどがいる。ベッコウバチやモンキジガバチはクモ専門に狩るハチだ。他にもハエを専門に狩るハナダカバチや、ツユムシを狩るクロアナバチなど様々なカリバチがいる。

ヒメベッコウ
↓クモを捕らえると必ず脚を切り取ってから巣に運ぶ。

スズバチ
→まず水を吸って、それから乾いた地面に行き、水をはきながら巣材の泥を丸めて持っていく。

オオモンクロベッコウ
↑大きなクモを捕らえたところ。クモが動けばもう一度刺す。

オオフタオビドロバチ
↓タケニグサの筒にイモムシを入れているオオフタオビドロバチ。

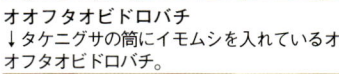

ジガバチ
←あらかじめ掘ってあった巣穴にイモムシを引き入れようとするジガバチ。

モンキジガバチ
↑モンキジガバチの獲物は小型のクモだ。

↑他の巣のアリと喧嘩になった。口でかみ合って、尻を曲げ蟻酸を振りかける。

クロオオアリ
←巣の中で幼虫を持って移動する働きアリ。

クロオアリ

Camponotus japonicus（学名）　北海道〜八重山（分布）…働きアリ7〜13mm、女王アリ17mm（体長）…日当たりのよい地面（環境）

●膜翅目アリ科

地中の生活

　クロオアリの女王は、日当たりの良い地面に穴を掘って卵を産み育てる。女王はいったん巣作りをすると外へ出ることはない。最初の働きアリが生まれてくるまでは、それまで貯えた栄養で何も食べずに子育てをする。

　アリの巣は何年もかかってだんだん大きくなる。地中にはたくさんの部屋ができ働きアリが幼虫の世話をする。女王の部屋から卵を幼虫の部屋に移動させたり、春先などは暖かな地面に近い場所に幼虫を移したりもする。

　同じアリの巣の働きアリは仲間同士を匂いで認識することができる。巣の外で出会うと、触角を付けあって挨拶したり、餌を口移しで与えたりす る。そんなとき別の巣のアリと遭遇すると、尻を曲げて蟻酸を振りかけて、とっくみあいの喧嘩になる。

　クロオアリの巣にはクロシジミという、とても珍しいチョウの幼虫がいることがある。クロシジミはアリの巣の近くの植物に卵を産み、幼虫が少し大きくなるとアリが巣の中に運び込む。クロシジミの幼虫は腹部から液状の物質を出す。アリはこれが欲しくて仕方がない様子だ。アリの幼虫を育てるのと同じように、クロシジミの幼虫に餌を与え、代わりにこの麻薬のような液をもらうのである。クロシジミはアリの巣の中で、安全に幼虫期を過ごすことができるのである。

クロオアリ
→巣を作ったばかりの女王は、黙々と自分の産んだ卵の世話をする。

クロオアリ
↓クロシジミの幼虫から蜜をもらうクロオアリ。この蜜はまさに麻薬である。

クロオアリ
↑アブラムシから排泄物をもらっているところ。

↑口移しで栄養交換し相手を確かめるクロヤマアリの働きアリ。

クロヤマアリ
↑デイジーの蜜を舐めているところだ。

クロヤマアリ
←ツツジにやってきたクロヤマアリ。

クロヤマアリ

Formica japonica（学名）　北海道〜九州（分布）…働きアリ4〜6mm、女王アリ10〜11mm、♂5mm（体長）…日当たりのよい地面（環境）

花の蜜が好き

●膜翅目アリ科

　クロヤマアリはどこででも見かける小さな黒いアリだ。クロヤマアリもクロオオアリ同様に雑食で虫の死体から、穀物、花の蜜まで何でも食べる。けれど最も好むのは花の蜜のようだ。特に春先はいろいろな花で蜜を吸っているクロヤマアリを見かける。

　サクラの葉の葉柄には蜜腺がある。花ではないがサクラはここからも蜜を出す。クロヤマアリはこの蜜も大好きだ。

　アリの仲間はハチと同じ膜翅目というグループの昆虫に属する。翅を持つのは女王とオスアリだけで、それも結婚飛翔の日までの翅だ。

　結婚飛行は雨の降った後の晴れた暑い日に行われることが多い。

　5月末頃、巣から出た新女王とオスアリは空中に飛び出す。あちこちの巣から同時にたくさんの羽アリが飛び出し、空中で結婚する。

　オスアリはそのまま巣に戻ることもなく死んでしまい、メスアリは新しい巣を作って子育てをする。

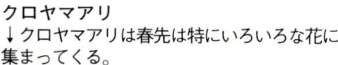

クロヤマアリ
↓クロヤマアリは春先は特にいろいろな花に集まってくる。

クロヤマアリ
↑サクラの葉柄にある蜜腺はアリを集めるためにあるのであろう。

クロヤマアリ
→キイチゴの蜜は特に好まれるようだ。

クロヤマアリ
↑花粉だらけになりながらマツバボタンの蜜を吸うクロヤマアリ。受粉を助けることもあるだろう。

↑カタクリの種は様々なアリに運ばれる。これはクロクサアリ。

クロクサアリ
↑サクラの葉柄の蜜腺から蜜を吸う。クロクサアリは特に蜜を好むアリだ。

クロクサアリ
→クヌギカメムシの幼虫に群がっている排せつ物をなめるのであろうか。

クロクサアリ

Lasius fuliginosus（学名）　本州〜九州（分布）…約4mm（体長）…雑木林（環境）

●膜翅目アリ科

アリと植物

　クロクサアリは雑木林に多く、木の幹などを行列を作って歩いているのをよく見る。クロクサアリの好物はアブラムシの出す排泄物だ。アブラムシはアリを引きつけることで、天敵のテントウムシなどから身を守るのだ。アブラムシ以外にも様々な昆虫がこのアリに餌を与える。多くはアブラムシと同じ半翅目の昆虫で、カメムシやツノゼミの幼虫にもクロクサアリが集まる。

　植物にとってみると、ありがたくないアブラムシを守るからクロクサアリは害虫とも言えるが、アリがいるおかげで他の食養生の昆虫が嫌うこともあるかもしれない。アリと植物は実に不可思議な関係がある。

　カタクリはアリがいるおかげで種を蒔くことができる。カタクリの種にはエライオゾームというタンパク質がついている。このエライオゾームの匂いはアリの幼虫とよく似た匂いだそうだ。アリは自分の幼虫を運ぶようにカタクリの種を巣に運ぶ。ところが数日たつと、匂いは幼虫が死んだときのものに変わるという。そこで今度はアリはその種を外に捨てるのだそうだ。植物がアリを利用して種まきをしていることになる。

　カラスノエンドウやイタドリなど茎に蜜腺を持っていてアリを集め、葉を食べる昆虫から身を守ってもらうという植物もある。そして植物の種だけを食べるクロナガアリのようなアリもいる。アリと植物の関係は想像をかき立てる興味深い関係がある。

アズマオオズアカアリ
←こんな小さなアリさえも大きなカタクリの種を一生懸命運ぶ。

クロナガアリ
←クロナガアリは秋だけに活動し、食べ物は草の種オンリー。

ムネアカオオアリ
↑イタドリの茎にある蜜腺にも様々なアリが集まる。

トゲアリ
↑アブラムシの蜜が大好きなトゲアリ。

クロクサアリ
↑ツノゼミの幼虫から蜜をもらうクロクサアリ。

トビイロケアリ
←イタドリの茎の蜜腺から蜜を吸う小さなトビイロケアリ。

オオハナアブ

Phytomia zonata（学名）　北海道〜九州（分布）…約15mm（体長）…田園、住宅地（環境）

●双翅目ハナアブ科　大きな目と優れた飛翔能力

　アブやハエの仲間は後翅が退化し、翅が二枚しかないように見える。後翅は棍棒状になっていて、飛翔中は細かく振動し体のバランスをとるジャイロのような役目をする。

　飛翔能力に優れ、空中停止飛行や急旋回もお手のものである。その飛行能力を最大限に生かす大きな目も特徴で、拡大写真で見ると美しい模様があったりして面白い。

　ハナアブの仲間は花の蜜や花粉を食べるが、ウシアブやメクラアブなどの仲間は吸血性で動物の血を吸う。これらの吸血性のアブは主に初夏から真夏に発生する。山道で最もいやなのがアブに追いかけられることだ。目がよいのでどこまでも追いかけてくるし、鋭い口は厚いジーパンをも通してしまう。

　カやブユと違って刺された瞬間に痛みが走るのも特徴だ。唾液を注入されるので後もかゆいし、かなり腫れあがることも多い。刺されたらすぐに血を絞り出して、かゆみ止めを塗らないと1週間ぐらいはかゆみに悩まされることになる。

アカウシアブ
←仮面をかぶって髭を生やした奇妙な生き物に見える。血を吸うアブはことに目が大きい。

ツマグロキンバエ
↑長い口でヒメジョオンの蜜を舐める。目に縞模様があるのが特徴。アブとハエは同じ双翅目の昆虫だ。

ハチモドキハナアブ
←アンテナのような長い触角を持っているハチそっくりなアブ。

ウシアブsp.
↓ウシアブの仲間は大型で、複眼が美しいものが多い。一般に血を吸うアブの方が複眼は美しい。

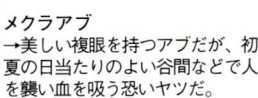

キンバエsp.
↑キンバエの仲間にはいろいろな種類があり、同定が難しい。

メクラアブ
→美しい複眼を持つアブだが、初夏の日当たりのよい谷間などで人を襲い血を吸う恐いヤツだ。

←オオハナアブが菜の花の蜜を舐めている。複眼には複雑な模様がある。

↑ハムシを捕らえてその体液を吸うオオイシアブ。このアブが大きかったらと思うとぞっとする。

オオイシアブ
←ナナホシテントウを食べている。テントウムシは鳥がいやがる不味い虫だが、このアブには通用しないようだ。

ハタケヤマヒゲボソムシヒキ
↑秋だけにでる変わったムシヒキアブ。動作や形はハエトリグモにちょっと似ている。

オオイシアブ

Laphria mitsukurii（学名）　本州〜九州（分布）…約15〜26mm（体長）…雑木林の周辺（環境）

双翅目ムシヒキアブ科　虫を捕らえて食べる

　双翅目のムシヒキアブ科のアブは、昆虫を捕まえてその体液を吸う捕食性の昆虫だ。非常に長く、かつ強靱な脚には棘のような毛がたくさんあって、捕らえた虫を放さない。

　ムシヒキアブは時には自分より大きな昆虫を捕らえてたべることもあり、ハチやトンボなどの捕食性の昆虫もムシヒキアブに捕らえられてしまうことも多い。

　ムシヒキアブの狩りは待ち伏せ型で、見晴らしの良い枝先などにとまってあたりを見張っている。近くを適当な昆虫が通ると、すごいスピードで追いかけ空中で捕らえる。優れた飛翔能力と、よく見える目、昆虫を捕らえるのに適した脚の構造、この全てが完璧なまでに発達したアブである。

　カマバエは水際に生息する小さなハエだが、前脚がカマキリの鎌のようになっていてウンカなどを捕らえて食べる。ハエやアブの仲間には捕食性の昆虫が結構多い。

コムライシアブ
↑ジョウカイを捕らえたコムライシアブ。食虫性のアブだ。

シオヤアブ
←マメコガネを捕らえたところ。背中の柔らかな部分に穴をあけて体液を吸いとる。

カマバエsp.
↑カマバエの仲間は体長数ミリだがれっきとした捕食者である。

マガリケムシヒキ
←小型のよく見られるムシヒキアブ。

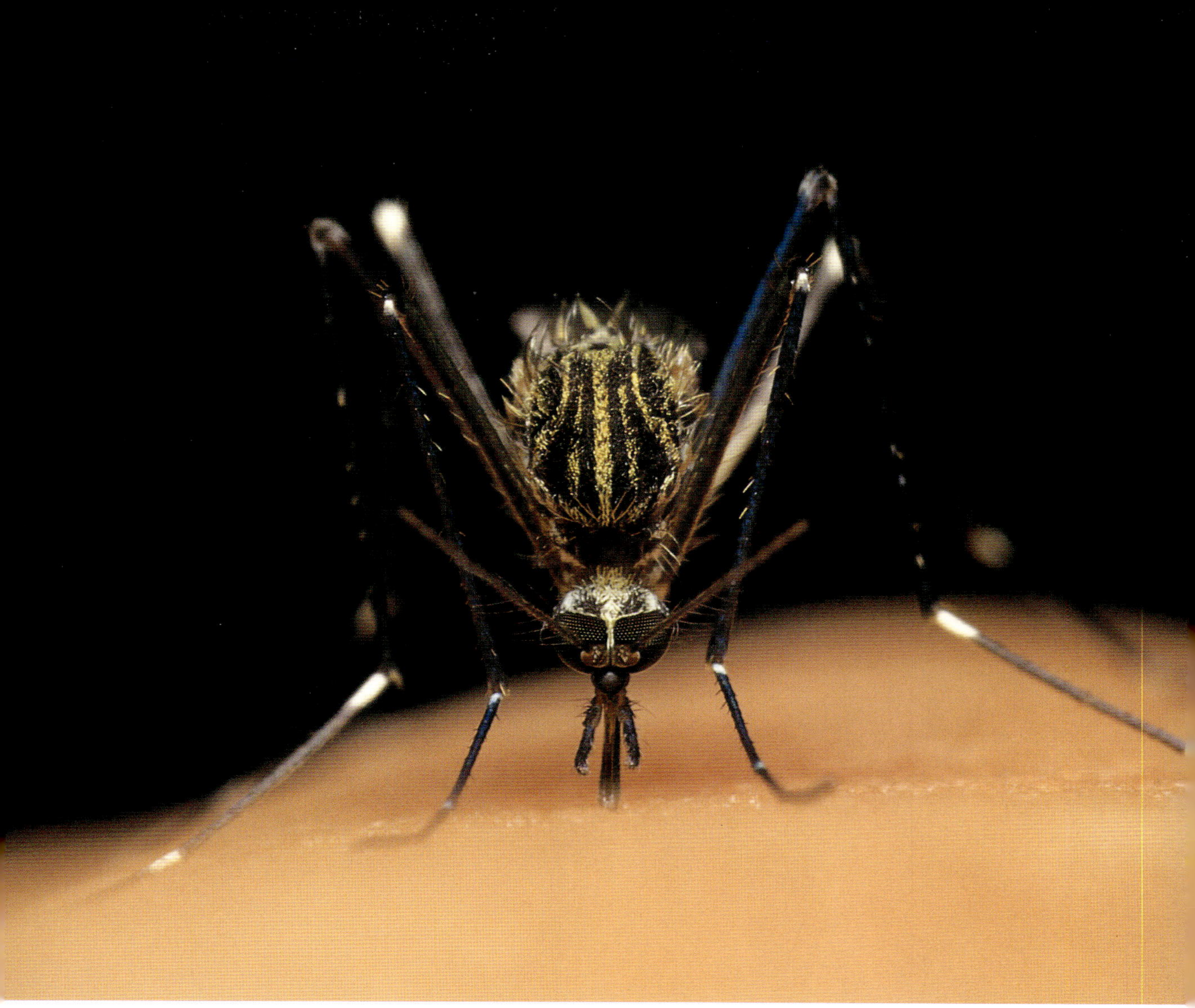

↑血を吸うヤマトヤブカのメス。血を吸うのはメスだけだ。

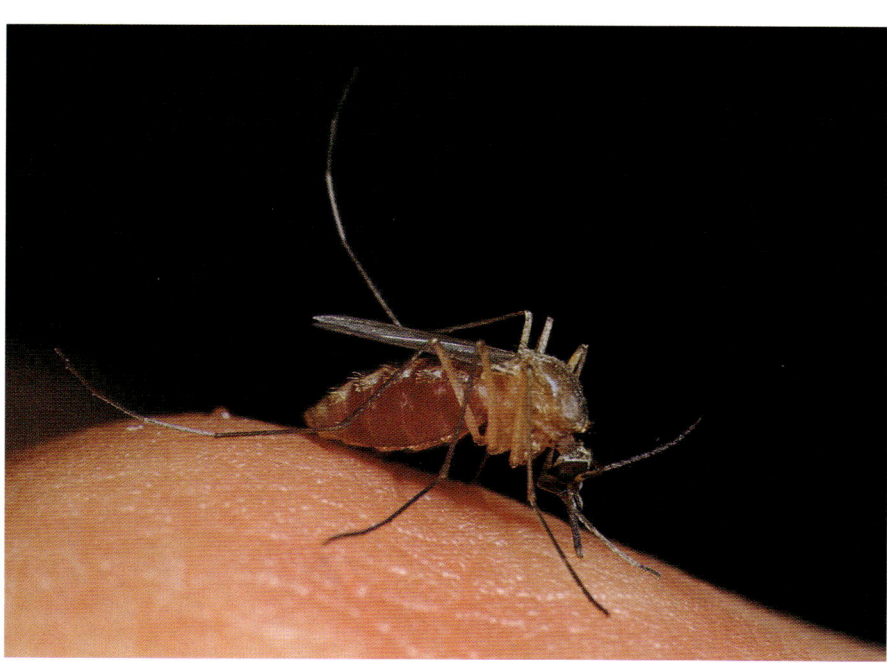

アカイエカ
←アカイエカは室内に多いカで日本脳炎の媒介者として恐れられている。

ヤマトヤブカ

Aedes japonicus（学名）　北海道〜八重山（分布）…約6mm（体長）…雑木林の周辺（環境）

●双翅目カ科

血を吸うのはメスだけ

血を吸うので嫌われるカはアブと同じ双翅目に属し、体が細く弱々しい昆虫だ。日本にはおよそ60種類のカがいて、いずれも血を吸うのはメスだけだ。

多くのカは卵を産むためには動物の血を必用とする。蚊に刺されるとあとがとてもかゆいのは、口を刺して血が固まらないように、血液が凝固するのを防ぐ成分の入った唾液を注入するからだ。

カは、卵を水中に産む。幼虫はボウフラ、蛹はオニボウフラと呼ばれ、カの幼虫はプランクトンなどの水中の小さな生物を食べて成長する。

室内など人家に多いのは、アカイエカとアカイエカの変種のチカイエカと呼ばれる種類で、春先と秋に個体数が増える。

アカイエカは、昔は日本脳炎を媒介することで恐れられたカだ。雑木林などの野外の薄暗い場所では、ヤブカの仲間やヒトスジシマカが猛威を振るっている。

シナハマダラカは長野県などのやや乾燥した場所で見られ、普通のカより翅が長く見かけが異なる。ハマダラカやシナハマダラカは、マラリアを媒介することで恐れられるカだが、現在は国内ではマラリアは根絶されているので、まず発症の心配はないようだ。

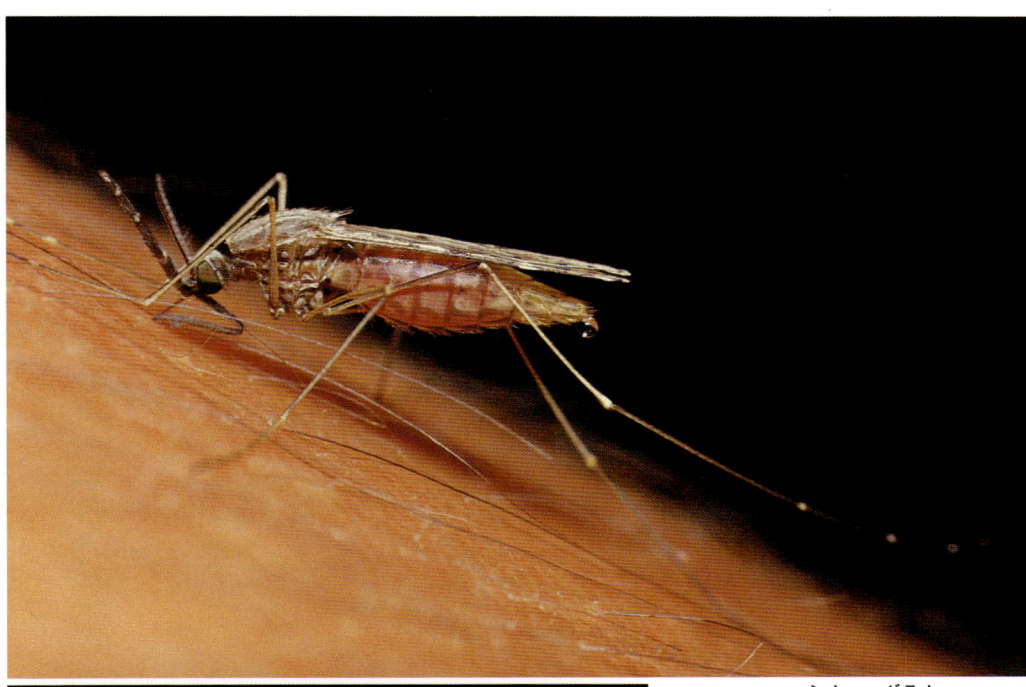

シナハマダラカ
↑血を吸うシナハマダラカ。マラリアを媒介することもあると言うから恐ろしい。夜の7時から8時頃に活動する。

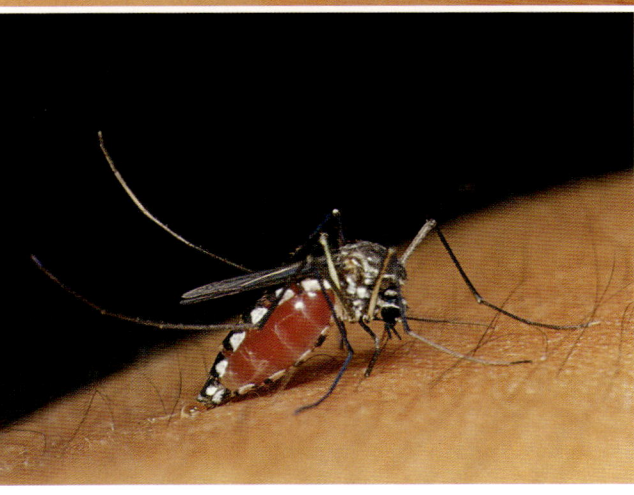

ヒトスジシマカ
←ヤブに行けばどこにでも多い小型のカ。血を吸って腹部が赤く膨れ上がっている。

ミヤマクワガタ①

Lucanus maculifemoratus（学名）　北海道〜九州（分布）…♂40〜75mm、♀30〜35mm（体長）…山地の林（環境）

●甲虫目クワガタムシ科

ミヤマクワガタ♀
↑メスはオスのようには大顎が発達していない。

コクワガタ♂
↑コクワガタはどこででも普通にみられるクワガタムシだ。

アカアシクワガタ
↑やや山地性のアカアシクワガタはブナやミズナラなどの林に多い。

ヒラタクワガタ
↑最も大顎の力の強いクワガタはこのヒラタクワガタであろう。

スジブトヒラタクワガタ
↑奄美大島だけに分布する珍しいクワガタムシ。

ツシマヒラタクワガタ
↑対馬に分布するツシマヒラタクワガタは大顎が長い。

←樹液を飲むミヤマクワガタのオス。長い舌をのばして汁を吸う。

カブトムシVSミヤマクワガタ
↑夕闇の迫る頃、カブトムシもクワガタムシも活動開始だ。

コクワガタ
↑コクワガタのオス同士が隠れ家を巡って喧嘩をしている。

ミヤマクワガタ
↓後翅を大きく動かすと空中に舞い上がる。

ミヤマクワガタ
↑ミヤマクワガタは好戦的なクワガタムシで、オスどうしよく闘う。

ミヤマクワガタ②

Lucanus maculifemoratus（学名）　北海道〜九州（分布）…♂40〜75mm、♀30〜35mm（体長）…山地の林（環境）

●甲虫目クワガタムシ科

発達したオスの大顎、クワガタムシの闘い

クワガタムシのオスの大きな牙は、口器の一部である大顎が発達したものだ。上から見ると三つの部分に分かれているが、牙のついている部分が頭部だ。真ん中が胸部で、上から見えるのは前胸背板と呼ばれる場所だ。腹部は固い前翅でおおわれ、その下に大きなうすい後翅がたたみこまれている。

大顎の形は種によって様々だが、同じ種でも個体によって異なる。一般に大型の個体ほど発達がよい。これは主に幼虫期の環境や食物によることが多いが、大型の個体のカップルから生まれた卵から育った成虫は大きくなる傾向もあるから、遺伝も影響しているだろう。

大顎が発達しているために、樹液を飲むときはいささか不便である。クワガタの舌は他の甲虫と比べるとずっと長いが、それでも体を伏せの姿勢にしないと舌が樹液に届かない。

クワガタムシが大顎で挟む力はとても強く、特にヒラタクワガタなどに挟まれるととても痛い。挟んで持ち上げる力も、体重の10倍ほどもある。

また体が大きくても、大顎が極めて小さい個体というのも種類によっては存在する。この場合は環境による育ちの違いではなく、遺伝による固定された型である。

ミヤマクワガタの前翅はとても厚く、前翅の下に畳まれている後翅は前翅よりずっと大きく、薄く透明である。後翅には翅脈というパイプのような管が通っていて、翅を支える役割をしている。普段は後翅は途中から折りたたまれているが、前翅を開くと、自動的に折りたたまれた後翅も開く。後翅を力一杯羽ばたくと体が宙に浮き、空中に飛び立つのである。

クワガタムシのように、いかにも闘うためと言った武器が発達した昆虫は闘争好きであるようだ。クワガタムシのオス同士が出会うとしばしば闘いが起こる。ミヤマクワガタは樹液の出ている場所で、樹液やメスを巡って闘う。戦いはまず威嚇からはじまる。体を起こし大顎を振りかざして相手を威嚇する。そして大顎で相手を挟んで投げ飛ばす。

コクワガタやオオクワガタは木のうろに住んでいる。樹液のしみ出たうろは特に好まれる。樹液も出ていて、メスもいたりする都合のよいうろはそれほどないから、よいうろには次々とオスがやってくる。初夏のシーズンにはうろを巡って闘いが起こる。

ミクラミヤマクワガタ
↑伊豆諸島の御蔵島に分布するミクラミヤマクワガタ。近縁種は中国西部にいる。

ヒラタクワガタ
↓ヒラタクワガタの喧嘩。相手をはさむと締め上げてなかなかはなさない。

ミヤマクワガタ
←樹液を飲むメスの上に乗っているオス。交尾していなくてもオスはメスのそばから離れないことが多い。

↑大顎にノコギリ状の歯があるのでノコギリクワガタだ。大顎を振りかざして威嚇している姿は勇ましい。

ノコギリクワガタ

Prosopocoilus inclinatus（学名）　北海道〜九州（分布）…♂35〜72mm、♀25〜30mm（体長）…雑木林（環境）

●甲虫目クワガタムシ科

蝋人形のような蛹

　ノコギリクワガタの一生は野外では2年である。夏の終わりに朽ち木のすぐわきの地中に産卵された卵は2週間ほどで孵り、朽ち木の中にもぐり込んだ幼虫は2回脱皮をして、翌年の夏に成長しきる。

　十分成長した幼虫は蛹室を作り、その中で脱皮をして前蛹となる。蛹室は横向きで幼虫の体長よりはるかに長い。特にオスは、羽化時の大顎の伸びる大きさを計算に入れて作られるので、幼虫の体長の倍近くある。内壁は糞で塗り固められ、つるつるしていて、蛹化したばかりの柔らかな蛹が傷つかないようになっている。前蛹の体の皮膚がしわしわになり、体が伸びきると、いよいよ蛹になるときが来たことを現している。

　やがて体が前から後ろに波打つように動き、蛹化がはじまる。頭部の後ろが割れ、大きな大顎と胸がでてくる。皮膚が破けてから完全に皮を脱ぎ終わるまでに要する時間は20分から30分である。

　蛹化したばかりの蛹は真っ白で、まるで蝋細工の作り物のようだ。体が固まると蛹はクリーム色からオレンジ色になり、体も固くなる。

　蛹は大顎を下向きに折り畳んでいる他は成虫とよく似た形をしているのでオスメスの区別は容易だ。蛹の期間はおよそ3週間で、羽化が近づくと、頭部、胸部、足は赤褐色に変化し、大顎も一部色づいてくる。

　羽化した成虫は、そのまま蛹室から出ることなく、翌年の初夏までじっとして何も食べない。5月末頃に蛹室から出たノコギリクワガタは地上に出て活動をはじめる。活動は秋までで、多くは9月末頃には死亡してしまうのである。

ノコギリクワガタ
↑メスの蛹。蛹ではっきりとオスメスの区別が付く。

ノコギリクワガタ
→蛹になったばかりのオス。大きな大顎がよく目立つ。真っ白でまるで蝋細工のようだ。

↑オオクワガタを正面から見るとかわいらしい目が目立つ。クワガタムシの目は上下にまたがっていて、上も下も見ることができる便利な目だ。

オオクワガタ
←体長70mmほどの大型のオス。どっしりした体つきだ。

オオクワガタ

Dorcus curvidens（学名）　本州〜九州（分布）…♂35〜75mm、♀30〜45mm（体長）…低山帯の雑木林（環境）

●甲虫目クワガタムシ科

飼育されているものの方が多い

　日本で最も人気のあるクワガタムシだ。クヌギなどの古木に生息し、成虫で数年生きる。野生のものは樹液の出る木のうろに生息し、めったに外へ出てこない。活動するのは深夜であるが、気配に敏感ですぐにうろにもぐり込んでしまう。大きいけれど臆病なクワガタムシである。

　野外では生息できる林がなくなったり荒れたりして、個体数が減っている。しかし、飼育が盛んで、飼育されている個体数は野外よりも多いと思われる。だから飼育下のものを含めれば日本全国に生息する個体数は年々増えていると思われる。

　野外で70mmを越える個体はほとんど見つからないが飼育下では70mm以上のものがたくさん羽化している。クワガタムシの幼虫は朽ち木を食べるが、飼育を行っている人たちは菌糸ビンと言って、キノコの菌糸が入った朽ち木のフレークを用いる。

　キノコの種類や添加物を工夫することで、野外の朽ち木よりずっと栄養価が高くなるようで、生育期間も短くなり個体も大型になってくる。数年前は70mmで10万円と言っていた価格も今では数千円に落ちたという。

　ヒメオオクワガタはオオクワガタとは若干遠い関係のクワガタムシだが、牙の形が似ていることからヒメオオクワガタという名が付けられた。山地のヤナギの木に生息し、自分で木の皮をはいで、そこからでる汁を舐める面白い習性を持ったクワガタムシである。

ヒメオオクワガタ
←山地の渓流沿いに多いクワガタムシ。ヤナギの枝の皮をはいで汁を舐める。

オオクワガタ
↑オオクワガタは朽ち木の中に蛹室を作って蛹になる。

↑正面から見たカブトムシのオス。戦国時代の武将の兜のようだ。

カブトムシ
↑前翅を開くと畳まれていた後翅が伸びてくる。その一瞬を捉えた写真だ。

カブトムシ

Allomyrina dichotoma（学名）　本州〜沖縄（分布）…30〜80mm〈♂の角含〉（体長）…雑木林（環境）

●甲虫目コガネムシ科

飛行機のような飛翔

　昆虫が他の生物と異なるのは翅を持ち、自由に空を飛ぶことができることだ。無脊椎動物で翅を持っていて自力で空を飛べるのは昆虫だけである。

　昆虫の体は頭、胸、腹に分かれている。胸は他の節足動物とはかなり違う構造で、前胸、中胸、後胸に分かれ、それぞれの腹面に足が1対づつ、中胸と後胸の背面に翅が1対ずつついている。そしてこの4枚の翅を羽ばたいて空を飛ぶのである。

　昆虫の中では体が大きく体重も多いカブトムシは地上から飛び立つのは苦手だ。そこで多くの場合、木に登ってから飛ぶ。飛び方も決して上手とは言えず、着地するとき、うまく足が引っかからずに落下することすら多いのである。

　カブトムシは、前翅が固く、柔らかな腹部を覆っている。前翅は開いていないときは体を守るヨロイとして役立っているのである。前翅よりずっと大きい後翅は普段は前翅の下に畳み込まれていて外からは見えない。

　足場のしっかりしたところを見つけたカブトムシは前脚を上げ前翅を開く。すると大きな後翅が前翅の下からでてくる。そして後翅を力一杯羽ばたき、空中に飛び立つ。

　カブトムシは飛翔中は前翅はほんの少ししか動かさず、後翅を激しく羽ばたいて飛翔する。前翅は飛行機の翼と同じような役割をして、浮力を得るために役立っている。後翅はプロペラのようなもので、羽ばたくことで推進力を得るのである。

　カブトムシが飛翔するのは、夜、暗くなってからである。クヌギなどの木から出る樹液を求め、そこに来る異性と出会うために飛ぶのである。カブトムシは餌があって、敵もいないと、ほとんど飛ぶことはない。そんなカブトムシの行動を見ていると、本当は飛びたくないのではないかなと思うこともある。

カブトムシ
↓後翅を激しく振るわせて飛ぶオス。重い体を宙に浮かすにはかなりのエネルギーを消費するだろう。

カナブン
↓樹液を吸うカナブン。色には個体変異が多い。

アオカナブン
↓木の割れ目に頭をつっこんで樹液を吸いながらおしっこをするアオカナブン。

アオカブン

Rhomborrhina unicolor（学名）　北海道～九州（分布）…約27mm（体長）…雑木林（環境）

●甲虫目コガネムシ科

空中停止もできるヘリコプターのような飛翔

昼行性のカナブンやハナムグリの仲間は、前翅をほとんど開かずに、後翅を羽ばたいて飛ぶ。前翅を開かないから浮力を効率よく利用できない。その代わり、翅を極めて速いスピードで動かして飛ぶのである。後翅を動かすことだけで飛ぶから、エネルギーの消耗は大きいと思われる。そのためか、カナブンの樹液を舐める食欲は大したものだ。

カナブンの飛翔はヘリコプターの飛び方にも似ている。翅の角度を微妙に変えることで、空中停止や、急旋回もできる。カナブンの飛び方を見ていると、翅が4枚より、2枚の方が上手に飛ぶことができるように思える。

ほとんどの甲虫は、飛翔中に足を開いて飛ぶ。これは空気抵抗を減らすには不適切であるが、より浮力を得るためや、体のバランスを保つために必用なのであろう。それに足を開いていることで、着地の時も木にとまりやすくなるのである。体が堅くて、ぶつかったらショックが大きい甲虫ならではの飛翔姿勢であるのだろう。

日本に産するカナブンと名の付いた甲虫は3種ある。アオカナブン、クロカナブン、カナブンである。いずれもクヌギの樹液や熟した果物から汁を吸う。

←固い甲冑に身を包んだアオカナブン。頭が四角なのがカナブンの仲間の特徴だ。

アオカナブン
↓カナブンの仲間は前翅は開かず後翅だけで飛ぶ。

アオカナブン
↓交尾するアオカナブン。オスの交尾器はずいぶん長い。

↑ヒメジョオンの花の蜜を舐めているコアオハナムグリ。顔が花粉だらけになっている。

シロテンハナムグリ
←菜の花にやってきた。この大型のハナムグリは樹液にも来る。

コアオハナムグリ

Oxycetonia jucunda（学名）　北海道〜九州（分布）…約15mm（体長）…里山、住宅地などの林の周辺（環境）

●甲虫目コガネムシ科

花にもぐるハナムグリ

　ハナムグリはカナブンと同じ仲間である。カナブンが樹液を好むのに対し、ハナムグリは花の蜜や花粉を食べる。しかしハナムグリでも大型の種は樹液や果物にも来る。ハナムグリは花にもぐり込んで蜜を吸うのでハナムグリという名が付いた。

　ハナムグリの仲間はカナブン同様に前翅はほんのわずか開くだけで後翅を激しく動かして飛ぶ。花の上に着地するときは空中でホバリングをしてゆっくりと着地する。そういう飛び方ができるからこそ、壊れやすい花におりることができるのであろう。

　コアオハナムグリはハナムグリの中で最も普通に見られる小型の種で、春先に最もよく見られる。6月頃に産みつけられた卵はすぐに孵化し、秋には成虫となる場合が多い。秋に羽化した成虫は短い活動期を経て、地中に潜って越冬し翌年の春に交尾し産卵する。

　カナブンは夏に活動し幼虫で越冬、翌年の初夏に羽化するというカブトムシ同様の生活をするが、シロテンハナムグリなど大型のハナムグリもコアオハナムグリ同様に成虫越冬のものが多い。しかし環境によってその幼虫期は1年だったり2年だったりするようである。

ヒメトラハナムグリ
←小型の種で初夏から夏にでる。花の蜜を専門に食べる。

クロハナムグリ
↓ヒメジョオンの花にやってきたクロハナムグリ。初夏と秋に多くみられる。

キョウトアオハナムグリ
↑熟したイチジクの果実を食べる。花や樹液にも来る。

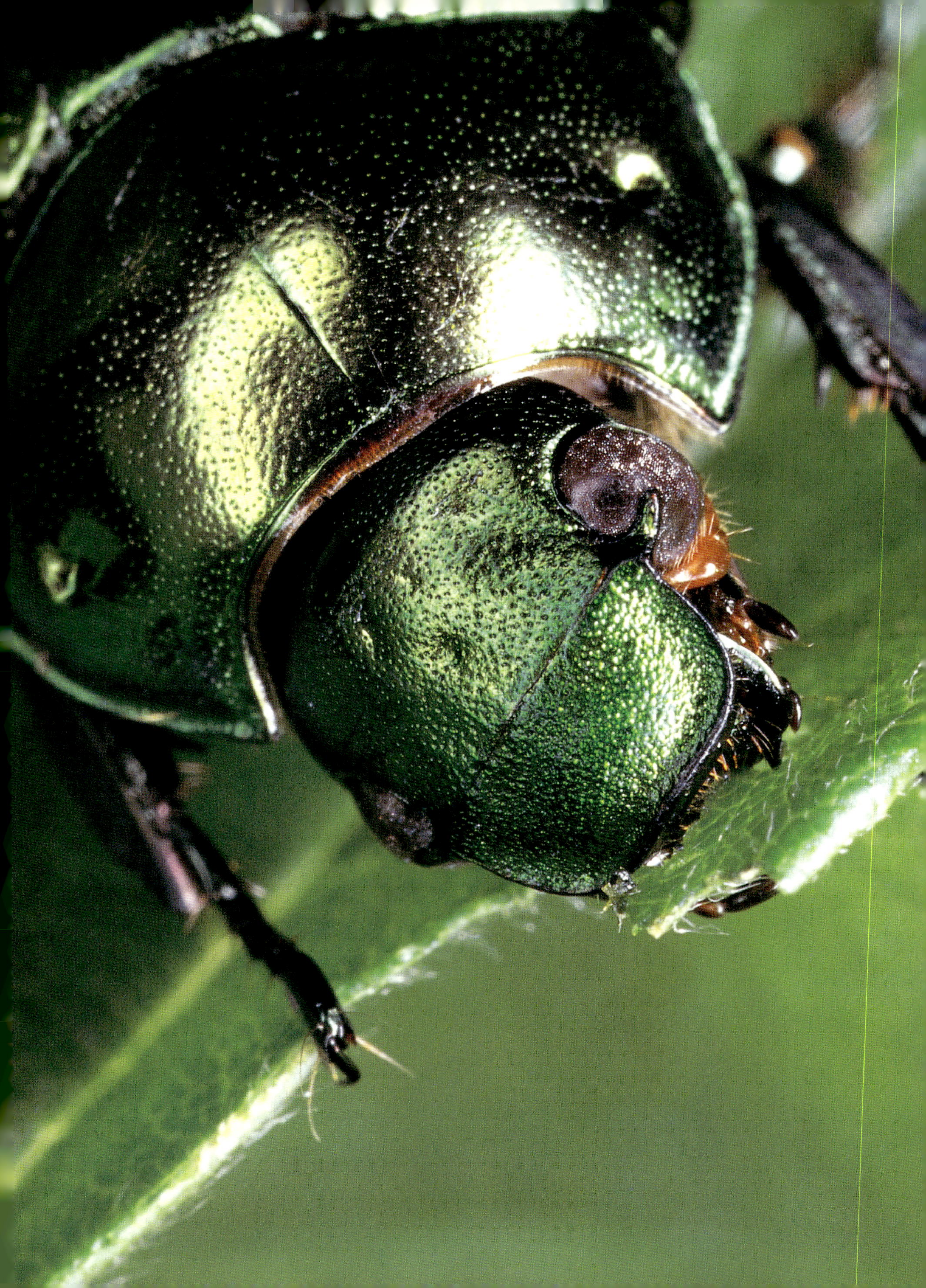

コガネムシ

Mimela splendens（学名）　北海道〜九州（分布）…17〜24mm（体長）…林縁の草地など（環境）

●甲虫目コガネムシ科

コガネムシは金持ちだ

　カナブンやハナムグリが昼間活動するのに対し、コガネムシの仲間の多くは夕暮れ時に活動する。飛び方はカブトムシ型で前翅を開いてゆっくりと飛ぶ。

　コガネムシは金持ちだという歌があるが、コガネムシは漢字で黄金虫と書く。美しい金属光沢があるのでこんな歌ができたのだろう。しかし全ての種がきらきら輝いているかというとそうでもなく、多くのコガネムシは地味な色彩をしている。日本では輝く金属光沢を持つ種は数少ない。

　金緑色のコガネムシの撮影は結構難しい。金属光沢は翅の表面構造による構造色だからだ。翅の表面は幾重もの薄い層が規則正しく積み重なっている。ここで光が干渉を起こす構造となっているらしいのだ。

　こういった構造色の昆虫の色は、一方向からのダイレクトなストロボの光りでは色を出すことができない。さらにコガネムシの場合は表面が鏡面構造になっていて、そこに反射する光が拡散光の時に美しい色が出る。だから野外での撮影は自然光で行うことになる。ピントよく撮るために絞り込むとシャッター速度が遅くなりぶれやすいのである。

　ほとんどのコガネムシの仲間は植物の葉を食べるが、ビロウドコガネのように花びらを好む種や動物の糞専門に食べる種もいる。

コイチャコガネ
↑かわいらしい顔をした小型の種。

ビロウドコガネ
←タンポポの花びらを食べている。葉も食べるが花びらが大好きだ。

コフキコガネ
↓コフキコガネは都会でもみられるコガネムシだ。

ミツノエンマコガネ
→勇ましいヨロイに身を固めた格好いいコガネムシ。

ドウガネブイブイ
↑ブドウの葉を食べるので嫌われるドウガネブイブイはどこでもみられる。

ヒゲコガネ
→オスが立派なヒゲを持つヒゲコガネは松の葉を食べる。

←葉を食べるコガネムシ。大顎はけっこう鋭く、葉をかみ切ることができる。

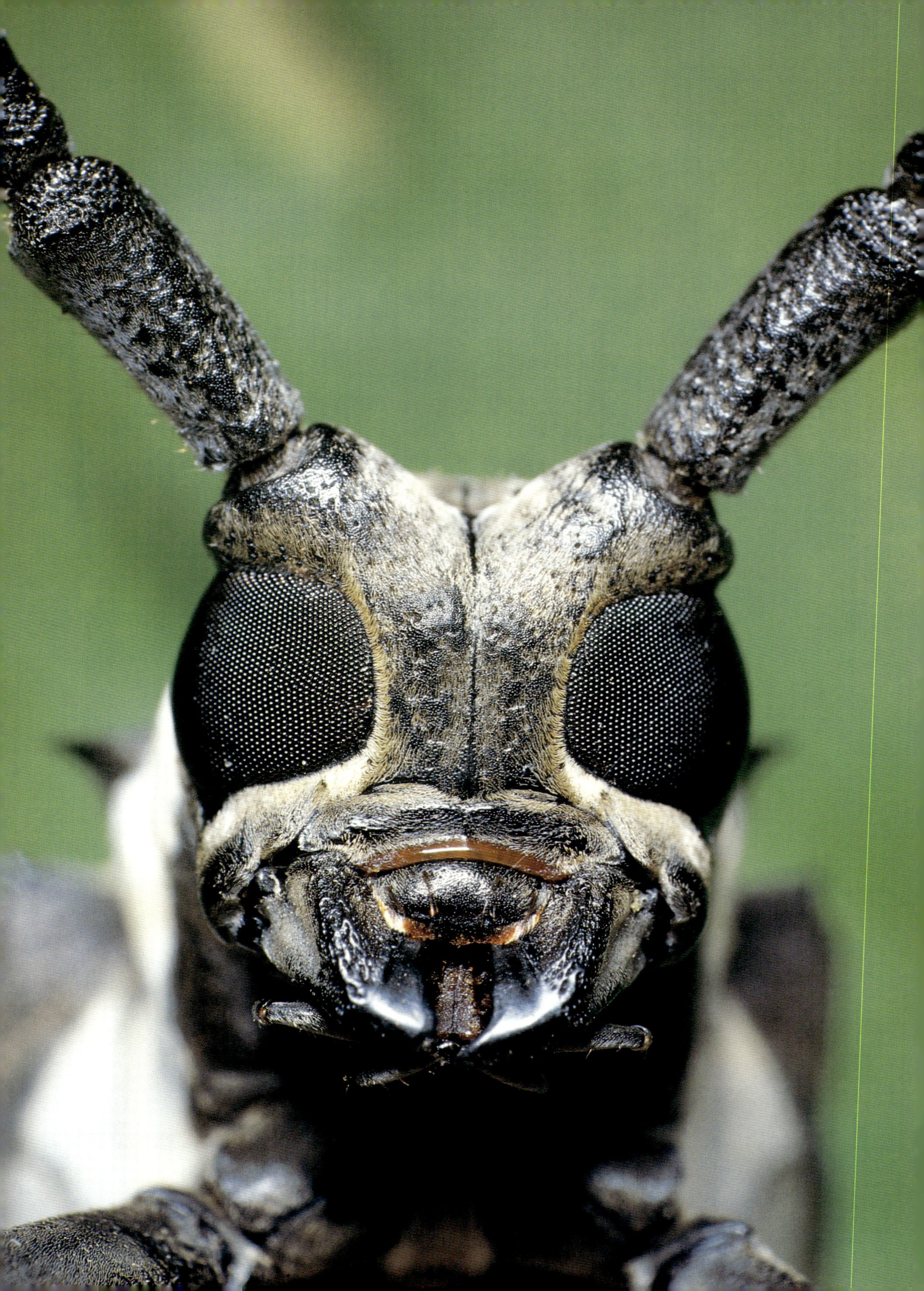

シロスジカミキリ

Batocera lineolata（学名）　本州〜奄美（分布）…45〜52mm（体長）…雑木林（環境）

●甲虫目カミキリムシ科

カミキリムシの大きな複眼

　昆虫の眼は複眼である。複眼は小さなレンズがたくさん集まってできている。一般に昼間活動し、目が感覚器として重要な役割をする昆虫、特に他の昆虫を捕らえるなど視力が生活に重要なものほど大きな目をしている。

　ところがシロスジカミキリは夜行性であるし、他の昆虫を捕らえて食べるわけでもない。それに触角が発達していて、感覚器としては匂いの方が重要だとも思える。にもかかわらずシロスジカミキリの目は巨大である。顔の半分ぐらいは目である。オスの方が目が大きいから、恐らくはメスを探すときに視覚は重要な役割をするのではないだろうか。

←まるで別の世界の生物のような大きな目をしたシロスジカミキリ。

　夜行性で視覚が重要な場合は、むしろ昼行性の動物の目よりも当然大きくなる。本来夜行性で大きな目を持つ同じ猫の目も夜には瞳孔が開いて黒目の部分が大きくなる。

　もう一つ考えられるのはこの目は威嚇のためであるという考え方だ。目が大きいというのは肉食のものや体の大きなものの特徴であるから、目が大きいことで相手に威圧感を与えることができるのだ。

　シロスジカミキリは怒ると胸を擦り合わせてキイキイという音まで立てる。

　ともかくもシロスジカミキリの目は見ていて迫力ある。仮面ライダーなどのキャラクターにもシロスジカミキリをヒントにしたのではないかと思うものがあるほどだ。

クワカミキリ
↑桑の木にいるクワカミキリ。立派なカミキリムシだ。

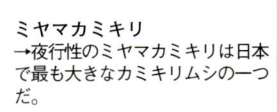

ウスバカミキリ
↑目が背中側に付いているウスバカミキリ。

ミヤマカミキリ
→夜行性のミヤマカミキリは日本で最も大きなカミキリムシの一つだ。

キボシヒゲナガカミキリ
↓長いひげを持つキボシカミキリは桑の木にいる。

ゴマダラカミキリ
↓ミカンやカラタチで多くみられる美しいゴマダラカミキリ。

045

↑どこからみてもスズメバチにそっくりなトラフカミキリ。カミキリムシの触角は長いがこのトラフカミキリの触角はハチのように短い。

キスジトラカミキリ
↑派手でよく目立つが上から見るとそれほどハチに似ているとは思えない。

クリストフコトラカミキリ
←飛翔中でもハチに見えるように腹部にも縞模様がある種もいるが、やはりとまっているときの方がハチに似ている。

トラフカミキリ

Xylotrechus chinensis（学名）　北海道〜沖縄（分布）…15〜25mm（体長）…桑畑周辺（環境）

甲虫目カミキリムシ科　ハチに似る

　トラフカミキリの仲間はその名の通り、黄色と黒の縞模様をしているものが多い。葉の上や材木の上を歩き回っているのを見ると、ハチにそっくりだと思う。特に大型のトラフカミキリはまるでスズメバチだ。他のカミキリムシが長い触角を持つのに対し、トラフカミキリの触角はハチと同じぐらい短い。

　黄色と黒の縞模様のようによく目立つ色や模様は警戒色と言って毒があったり毒針があったりして危険な昆虫に、自分が危険であることを誇示する色である。

　そして毒もないのにその色や模様をまねて身を守ろうという虎の威を借る昆虫たちがいるのである。

　ハチの黄色と黒の縞模様は腹部にあるので、飛んでいてもよく目立つが、カミキリムシの縞模様の多くは前翅にあるから、翅を開いて飛んでいればそれほどハチには似ていない。

　トラフカミキリ以外のハナカミキリの仲間にも黄色と黒の縞模様を持つヨツスジハナカミキリのようなものもいるし、ガの仲間のスカシバやウスバカゲロウなどと同じ脈翅目のカマキリモドキにもハチに似たものが多い。カマキリモドキはカマキリ同様に前脚がカマになっていて昆虫を捕らえて食べる。こちらは生活が似ると機能が似てくるという例でもある。

ヨツスジハナカミキリ
↑7〜8月に高原でよく見られる縞模様を持つハナカミキリ。ノリウツギの花の上で交尾している。

ヒメアトスカシバ
→こちらはガの仲間だ。スカシバの仲間の多くのガはハチそっくりだ。

ヒメカマキリモドキ
↑甲虫ではないカマキリモドキもどことなくハチを連想させる昆虫だ。

ブドウトラカミキリ
↓頭が赤くてよく目立つ。こんな模様のハチはいたかしら？

047

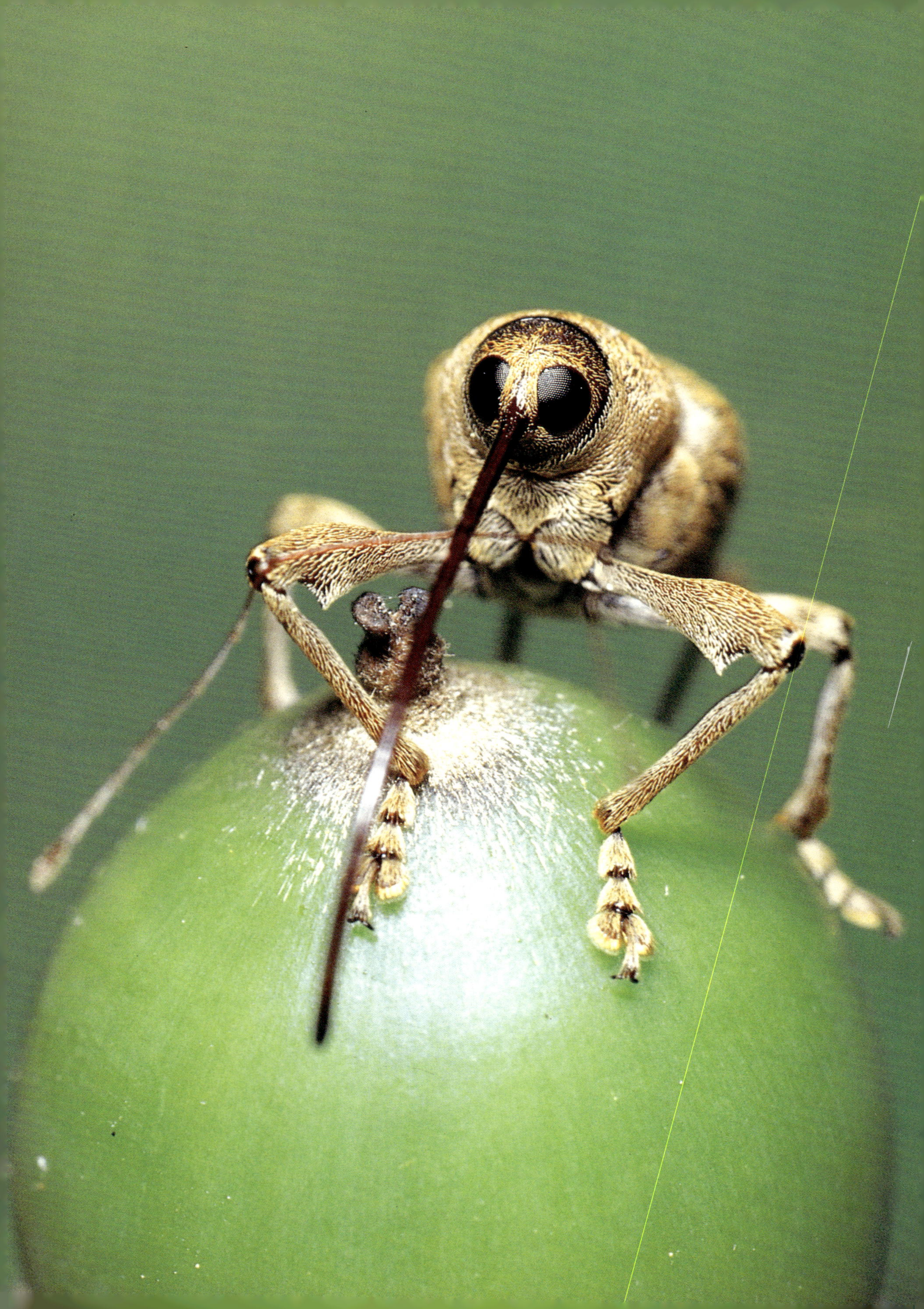

コナラシギゾウムシ

Curculio dentipes（学名）　北海道〜九州（分布）…10〜12mm（体長）…雑木林（環境）

●甲虫目ゾウムシ科

長い口は穴あけドリル

象の鼻のように長く見えるのは口である。コナラシギゾウムシの口器はまるでドリルのような役目をする。

この長い口を、左右にこじるようにして堅いドングリに穴をあける。卵を産みつけるための穴をあけるのだ。ドングリの中に産みつけられた卵はやがて孵化し、幼虫は中を食べて育つ。ドングリが地上に落ち、成長した幼虫はドングリから出て、地中に潜り蛹になる。

よく似た生活をするハイイロチョッキリという甲虫がいる。この甲虫もゾウムシに極めて近い仲間である。ハイイロチョッキリはやはり長い口器を持っていて、これでドングリに穴をあけ、中の実の汁を吸ったり、産卵のための穴をあけるために使うのである。

先端にある大顎は左右にも動く。ハイイロチョッキリは産卵した後にドングリの付いた枝を切り落とす。わずか数ミリの太さの枝と言っても体長1cmもないこの甲虫にとっては一抱えもある幹を口だけで切り落とすようなものだからすごいと思う。

ハイイロチョッキリ
←たまごを産んだあとに枝を切り落とす。1cmほどの小さなこの昆虫にとってそれは大仕事だ。

ハイイロチョッキリ
↓ハイイロチョッキリが産卵のための穴をあけている。産卵の時にはよいドングリを丹念に選ぶ。

←コナラシギゾウムシの長い口はだてにあるのではない。固いドングリに穴をあけたまごを産むための重要な道具である。

049

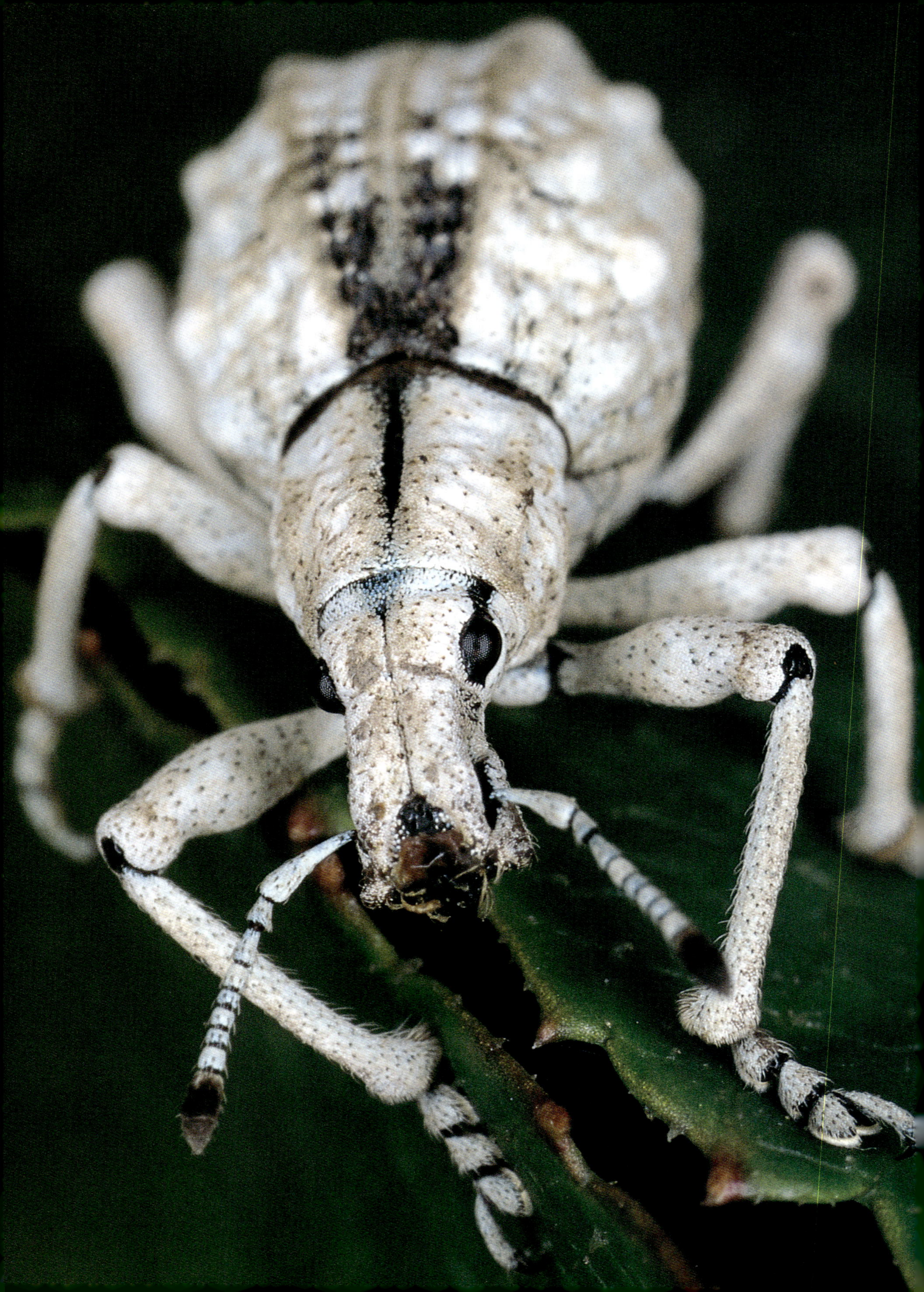

ヒメシロコブゾウムシ

Dermatoxenus caesicollis（学名）　本州〜九州（分布）…12〜14mm（体長）…林縁（環境）

●甲虫目ゾウムシ科

鼻が長いからゾウムシ

　ゾウムシと言っても全ての種の口器が、ゾウの鼻のように長いわけではない。それでも多くの種で、他の甲虫と比べれば口器は長い。それはゾウムシの仲間は植物の茎に穴をあけてそこに産卵する種が多いからだ。

　ゾウムシの仲間のもう一つの特徴は体が極めて堅いことだ。試しにオオゾウムシを力一杯指でつまんでみるとよい。普通の人には指でオオゾウムシをつぶすことはできないだろう。中にはカタゾウというもっと堅いゾウムシの仲間もいる。この仲間はフィリピンに多く、日本では沖縄にクロカタゾウという種類がいる。カタゾウはあまり堅いので鳥も喰わないと言われ、カタゾウに擬態したカミキリムシやクモがいるほどだ。

　ぼくは若いころゾウムシが大好きだった。それはゾウムシの形が他の甲虫と比べごつごつして、面白い形のものが多いからだ。多くのゾウムシは大きさが5mm〜1cmほどしかない。しかしルーペで覗けば、その形は何と千差万別であろうと思う。

←ヒメシロコブゾウムシの背中の白い鱗片は強く擦ると落ちてしまう。

クロカタゾウムシ
↑沖縄に棲むクロカタゾウムシは文字通り固い虫だ。

マダラアシゾウムシ
↑名前の通り脚にマダラ模様がある美しいゾウムシだ。

シロオビアカアシナガゾウムシ
↑カモノハシのようにも見えるひょうきんな顔をしたゾウムシ。

オオゾウムシ
←オオゾウムシはオサゾウムシ科の甲虫で、本州でみられるゾウムシでは最大種。

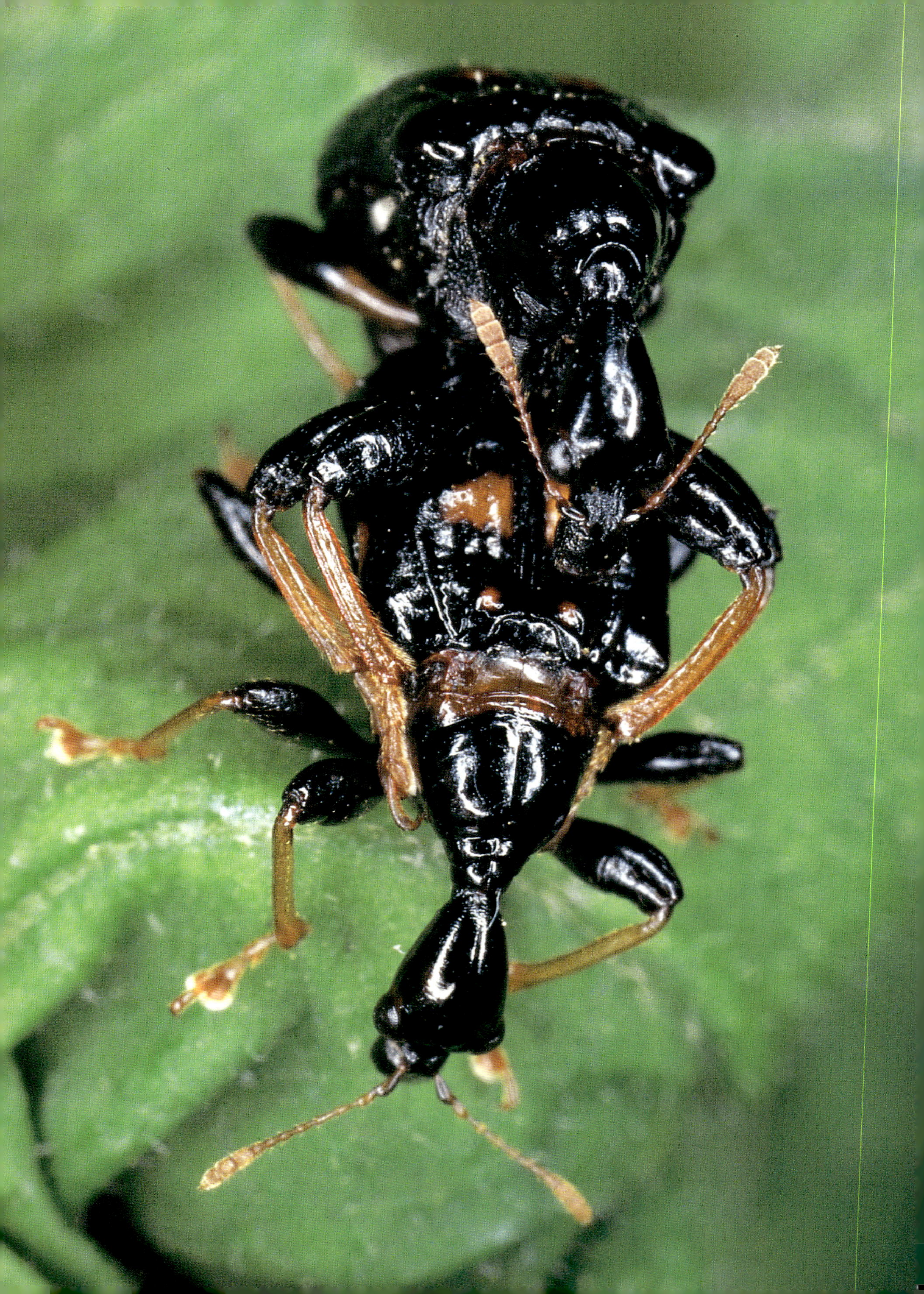

ムツモンオトシブミ

Apoderus pracellens（学名）　北海道〜九州（分布）…約7mm（体長）…林の周辺（環境）

●甲虫目オトシブミ科

落とし文

　オトシブミの仲間もゾウムシに近い甲虫だ。オトシブミは漢字で落とし文と書く。落とし文とは昔、こっそりと見せたい恋文などを巻紙に書いて、相手の気がつきそうなところに落としておく手紙のことだ。

　オトシブミの仲間は葉を筒状に巻いてその中に卵を産みつける。多くの場合巻き上げた筒を最後に切り落とす。ゴマダラオトシブミなど巻きっぱなしで切り落とさない種もいるし、ナミオトシブミのように、その時の状況で落としたり落とさなかったりする種もある。

　5月頃広葉樹の多い山道を歩けば、必ずと言ってよいほどきれいに筒状に巻かれた葉が落ちている。これは全てオトシブミの仲間の仕業である。オトシブミの作ったこの筒は揺籃と呼ばれ、孵化した幼虫は中から葉を食べて育つ。葉を巻くときには近くにオスがいることがあり、オスが2匹やってきて長い首を使って喧嘩をすることもある。しかしオスは葉を巻くのを手伝うわけではない。メスと交尾したいだけである。

ムツモンオトシブミ
→驚くとぽろりと落ちて死んだ真似。

ウスアカオトシブミ
←巻き上げた揺籃を手際よく切り落としているところだ。

ゴマダラオトシブミ
↓あらかじめ傷を入れた葉を折り紙を折るようにして巻き上げる。

ナミオトシブミ
←ハンノキの葉を巻くナミオトシブミ。

ゴマダラオトシブミ
↓上に乗っているオスの脚は宙に浮いている。不思議な形の交尾だ。

ナミオトシブミ
↑ナミオトシブミのオスがメスを巡って喧嘩をしている。闘いの武器は長い首だ。

←メスをしっかりと抱きかかえて交尾しているムツモンオトシブミ。

↑全身緑の甲冑に身を包んだ戦士と言えばいい過ぎか。ドロハマキチョッキリがもっと大きかったら人気がでるだろう。

ドロハマキチョッキリ

Byctiscus puberulus（学名）　北海道〜九州（分布）…約6mm（体長）…沢沿いの林の周辺（環境）

●甲虫目オトシブミ科

子育てのための揺籃

　ドロハマキチョッキリはオトシブミの仲間のチョッキリグループの甲虫だ。チョッキリの仲間にはオトシブミのように丁寧に葉を筒状に巻くものはいない。

　ドロハマキチョッキリはイタドリやドロノキの数枚の葉の葉柄に噛み傷を入れ、その葉が少ししおれるのを待つ。2枚の葉を合わせて、大顎で噛み、葉を縫い合わせるようにして巻いていく。できあがった揺籃はかなり大きく、中にはいくつかの卵が産みつけられている。

　オトシブミもチョッキリも種によりどの植物につくかが大体決まっている。イタヤハマキチョッキリは主にイタヤカエデの葉を巻くが、他の種類のカエデ類につくことも多い。チョッキリの場合は揺籃を切り落とさない種が多く、中で育った幼虫は恐らくは、成熟すると地上に飛び降りて土に潜り蛹になるのだと思われる。

　チョッキリはオトシブミと比べるとメタリックな輝きを持つものが多いのも特徴だ。ドロハマキチョッキリもイタヤハマキチョッキリも8mmほどしかないが、これが大きかったらどれほど美しいかと思うのである。

イタヤハマキチョッキリ
↑こちらも極めて美しいチョッキリ。カエデ類の葉を専門に巻く。

イタヤハマキチョッキリ
←巻き上げられた揺籃はずいぶん大きい。

ドロハマキチョッキリ
→小さなドロハマキチョッキリが大きな葉を黙々と巻いている。

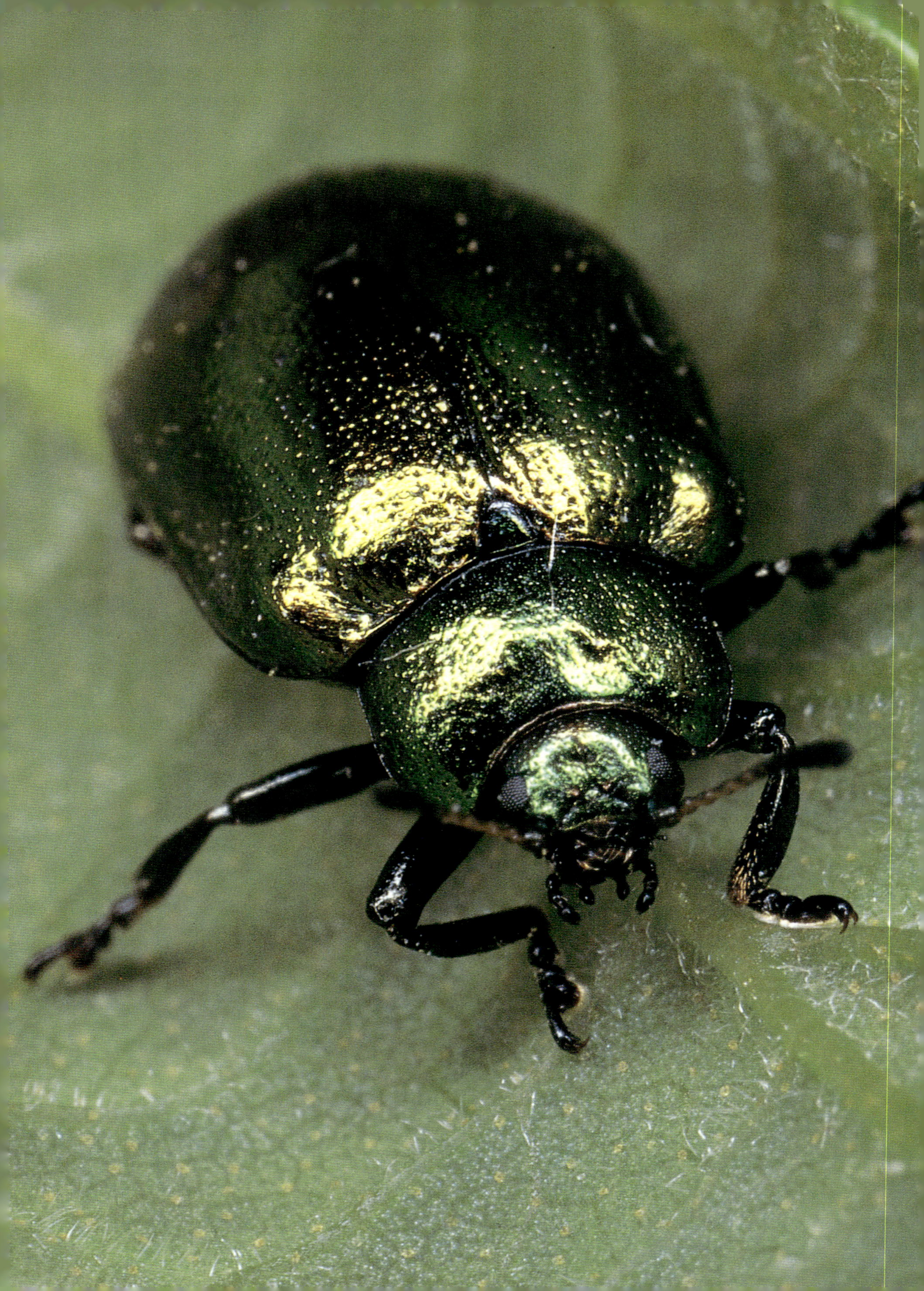

ルリハムシ

Linaeidea aenea（学名）　北海道〜本州（分布）…約8mm（体長）…林の周辺（環境）

●甲虫目ハムシ科

美しいものには毒がある

美しいと言えばハムシの仲間だ。ハムシのほとんどの種が5mm程度の小型の甲虫である。ハムシはその名の通り葉の上にいて葉を食べる甲虫だ。ハムシが多いのは葉が柔らかな初夏で多くの種は5〜6月に出現する。低山地に多く、道ばたの様々な植物にいろいろな種のハムシがいる。

ハムシの仲間は体内に毒を持っていると言われ、食べるといやな味がするらしい。それで鳥などの敵に襲われにくいので、目立ってもよいというのか、甲虫の中で最も目に付くグループの一つである。

ハムシの毒はそれほど強くはないようで、全く食べられないというわけではなさそうだが、ルリハムシなどハンノキにいやと言うほど群生していて、時には葉を食い尽くしてしまうこともある。

不思議なことにハムシを標本にするとその美しい色が残らないものが多い。これは美しい色は体内で作られる毒が醸し出す色素の色であって、死ぬとその色素が酸化して色が変わってしまうのかもしれない。

←ハンノキに群れていたルリハムシを拡大撮影したら結構迫力のある写真になった。

ルリマルノミハムシ
→体長4mmにも満たない小型のハムシ。花にいて触るとぴょんと跳ねる。

キクビアオハムシ
→6mmほどの大きさで、小型だが美しいハムシだ。

クルミハムシ
←名前の通りクルミの木に生息している。ハムシの仲間は食べる植物が決まっている。

ムナキルリハムシ
↑こちらも大きさは5mmに満たない。フィルム状で5倍の拡大撮影だ。

アカガネサルハムシ
↑極めて美しいハムシで、ヤマブドウの葉でみられる。

クロウリハムシ
←愛嬌のある顔をしたハムシで庭や畑で普通にみられる。

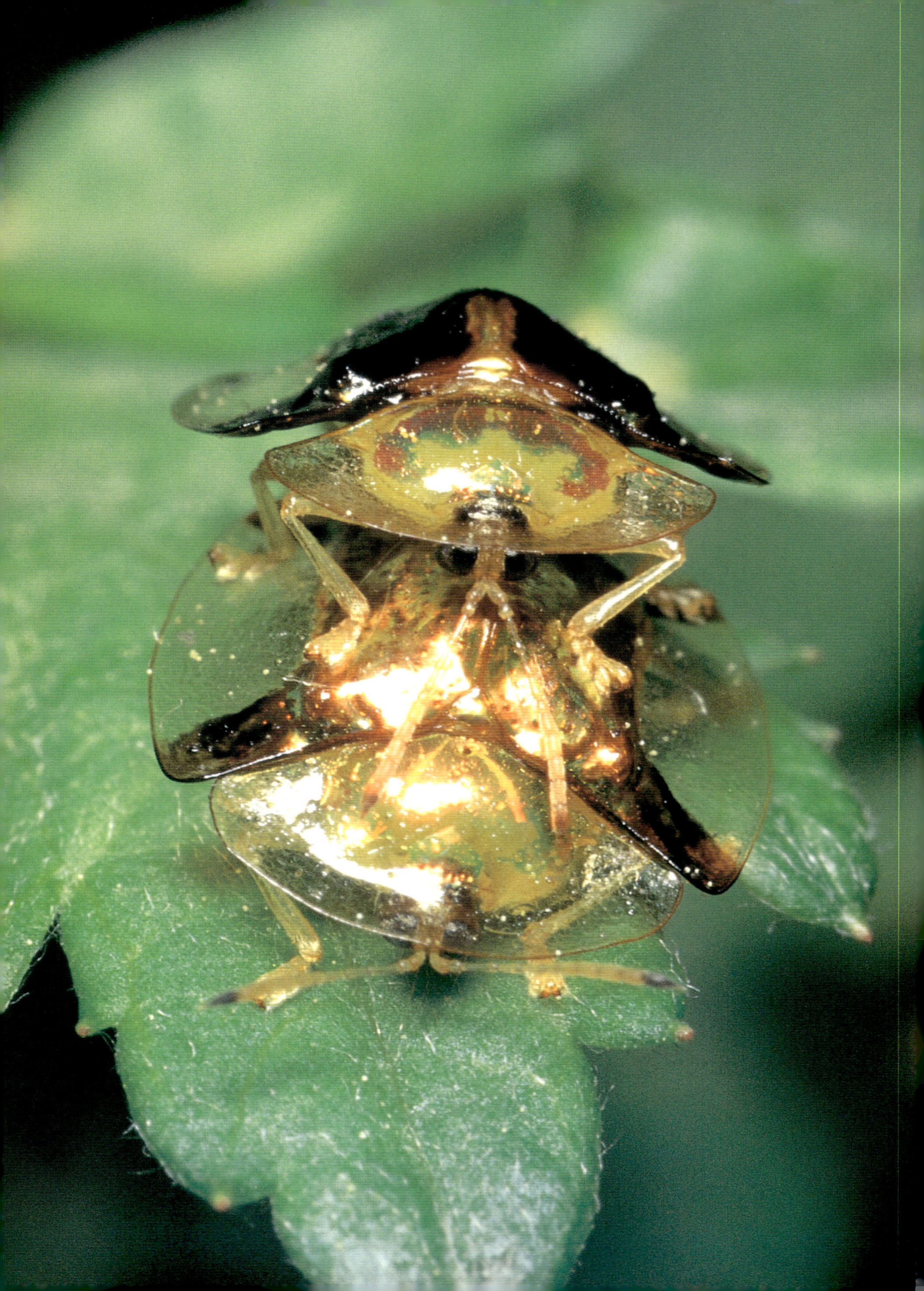

● 甲虫目ハムシ科

ハムシの交尾

ジンガサハムシ
Aspidomorpha indica（学名）　北海道〜九州（分布）…約8mm（体長）…林の周辺（環境）

　ジンガサハムシやカメノコハムシと呼ばれるハムシの仲間は、前翅が横に張り出し、足を縮めてその下に入れてしまうと、外に飛び出している部分は全くない。まるでカメが足や首を縮めてしまうのと似ている。

　これはカメ同様に身を守る手段の一つである。主にアリ対策のようで、アリが近づくとさっと足を縮めてぴたりと葉に体を付ける。こうすればアリも手も足も出ないと言うわけだ。

　しかし交尾をしているときはそうも行かない。オスが短い足で踏ん張ってメスの背中に乗っている姿はユーモラスでもある。

　ハムシの交尾はあらゆる甲虫の中で最もよく見られるものの一つだ。交尾の時は無防備だ。しかし不味い味のするハムシはあまり襲われる危険がないのだろう。

オオアカマルノミハムシ
↑オオアカと名が付いているが大きさは4mmぐらいだ。小さな昆虫も大きく拡大するとなかなか愉快な顔をしている。

セスジツツハムシ
↑体長4mm。ハムシの仲間はともかく小さい。撮影には特殊なレンズを必要とする。

イネクビボソハムシ
↓幼虫はドロオイムシと呼ばれ稲の害虫として知られるが、成虫はなかなか美しい。

コヤツボシツツハムシ
↓テントウムシのような模様はミューラーの擬態であろうか。

アカクビナガハムシ
↑クビナガハムシの仲間はハムシにしてはスレンダーな体つきだ。

←交尾中のジンガサハムシ。ジンガサハムシやカメノコハムシと呼ばれるハムシは脚が短い。

スゲハムシ
→上がオス。オス、メス共に体色に変異がある。

↑トホシハムシに限らずハムシの仲間はよく目立つ。私は毒ですよと宣伝しているようだ。

トホシハムシ
←メスは幼虫が大きくなるまで傍らで過ごす。敵が来ると派手な背中をこちらに向ける。

トホシハムシ

Gonioctena japonica（学名）　北海道〜九州（分布）…約7mm（体長）…山地のヤナギ（環境）

●甲虫目ハムシ科

子供を守るハムシ

　トホシハムシは山地のヤナギの木につくハムシだ。このハムシは他の多くのハムシ同様に、卵をまとめて産卵する。ルリハムシのように1本の木に群生していて、子供も親も同時に見られる種は多いが、トホシハムシは群生はしない。その代わり、母虫は産卵後も幼虫がある程度大きくなるまでその場に留まるのである。

　撮影しようと近づくと、トホシハムシの母虫は背中をこちらから見える方向に体を回転させた。すると背中の赤と黒の模様がよく目立つ。「私は毒があるから近づかない方がいいわよ」と言っているようである。

　南米にはコモリハムシというグループがいる。カメノコハムシの仲間だが、その名の通り卵や幼虫の側に寄り添って外敵から守るのである。

　ツツハムシの仲間は卵に自分の糞を塗りつけて産み落とすという変わった習性を持つ。卵は小さな植物の種のように見えるが、果たしてそれがどのような効果があるかはわからない。ヨーロッパではアリの巣内で育つツツハムシがいると言うから、この糞はアリを引きつけるためのものである可能性もある。

クロボシツツハムシ
↓卵に糞を塗りつけているところ。これは本当は糞ではなくて何か別の物質ではないかと思うことがある。

ヨツボシナガツツハムシ
↑こちらも丁寧に卵にコーティングを施してから地上に落とす。

ヤツボシツツハムシ
↓卵に糞を塗りつけているところをアップで撮影してみた。

↑美しいタマムシのメスが薪に産卵に来たところ。薪にたまごを産んでも幼虫は育たないのに、そんなことはこのタマムシは知らない。

クロタマムシ
↑クロタマムシの顔をアップにしてみた。ファインダーの中で目があった。結構大きい目にびっくりした。

タマムシ

Chrysochroa fulgidissima（学名）　本州〜沖縄（分布）…30〜40mm（体長）…林の周辺（環境）

●甲虫目タマムシ科

着物が増えるという言い伝えがあるタマムシ

　美しい昆虫の代表と言えばこのタマムシだ。タマムシは昆虫の王様と言われる。昔は玉虫を捕まえるとその死体をタンスに入れておく風習があった。これはそんな昔のことではなく、つい最近まで普通に行われていた。

　美しいから着物が増える縁起物（えんぎもの）という意味があるのかもしれないし、昆虫の王様だから害虫も恐れて近づかないという防虫剤の目的もあるかもしれない。しかし実際はタマムシを入れておいてどれほどの効果があるかはわからない。昆虫標本にはカツオブシムシという乾物につく甲虫（こうちゅう）が発生し標本を食べてしまうことがある。このカツオブシムシは絹や毛糸も食べるから標本と衣類を一緒に保管するのは禁物だ。衣類が食べられて困ることもあるし、標本が食べられて困ることもある。そういえばタマムシの標本は他の甲虫と比べてカツオブシムシがあまりつかないような気がする。何か毒でもあるのだろうか。

クロホシタマムシ
↓1cmほどの小型の種だが美しいタマムシだ。初夏に薪でみられる。

シロオビナカボソタマムシ
→ナガタマムシの仲間は葉の上でよく見られる。大きくするとやっぱりタマムシの仲間であることがわかる。

ウバタマムシ
↑成虫になったときからウバタマムシとは気の毒な名を付けられたものだ。

063

↑こうして拡大してみると胸の突起がコメツキムシの特徴をよくあらわしているが、パッと見たらベニボタルと間違えても仕方がない。

ベニカミキリ
←こちらはカミキリムシだがベニボタルによく似ている。

ニホンベニコメツキ

Denticollis nipponensis（学名）　北海道～九州（分布）…10～15mm（体長）…林の周辺（環境）

●甲虫目コメツキムシ科

毒のあるものに似る

　ベニボタルは体内に毒があり、鳥に襲われない。そのためにベニボタルに擬態した昆虫は無数にいる。熱帯地方には特に多いが日本でもこのニホンベニコメツキはコメツキムシのくせにベニボタルそっくりである。

　コメツキムシは胸の筋肉が発達していて、体を押さえると胸をぺこぺこ動かすからすぐにわかる。ところが写真ではそんなことはできないから、よく見ないと間違って名前を付ける危険も多い。それほど似ているのである。

　ベニカミキリやアカハネムシもベニボタルにそっくりである。ベニカミキリには毒がないが、アカハネムシは毒があるらしい。毒のある者、無い者がお互いに似て複雑な関係を作っている。毒のない者がある者に似る現象をベーツの擬態と呼び、毒のある者同士が似る現象をミューラーの擬態と呼んでいる。ちょっと難しくなるが、ミューラーの擬態は毒のある者でもたくさんいた方がその宣伝効果が高まるという考え方である。

アカハネムシ
↓翅が柔らかな甲虫。そういえばベニボタルも翅は柔らかい。

カクムネベニボタル
↑写真を見ていて何だか自信がなくなった。コメツキムシみたいに見える。カクムネというように胸がコメツキムシに似ている。

スジグロベニボタル
↑美しいベニボタル。美しいものには毒があるとはよく言ったものだ。

↑あんまり格好良い甲虫とは思っていなかったが顔を拡大するとひょうきんで面白かった。肉食のくせに獰猛な顔つきには見えない。

ジョウカイボン

Athemus suturellus（学名）　北海道〜九州（分布）…15〜20mm（体長）…林の周辺（環境）

●甲虫目ジョウカイボン科

危険な交尾

　ジョウカイボンは肉食の甲虫（こうちゅう）で他の昆虫を捕らえて食べる。顔を見てもそれほど獰猛（どうもう）そうには見えないし、たくさんいる割に食べている現場は押さえにくい。普通の甲虫は昼行性か夜行性かが決まっているがジョウカイボンは昼夜の区別無く活動している。食べる時間も決まっておらずにいい加減なヤツのようだ。そのあたりが観察しにくい理由かもしれない。

　ジョウカイボンのメスが食べながら交尾していた。食べているところにオスが近づき交尾したのだろうが、肉食の昆虫のオスは大変だなといつも思う。相手の機嫌が悪かったり、お腹がすいていたりしたら下手をすれば命を落とすことになるからだ。大体昆虫ではメスの方がオスより体も大きく力も強い。

　肉食の昆虫の中にはオドリバエやシリアゲムシのようにオスがメスにプレゼントを上げて、食べている間に交尾をする種すらあるほどだ。

ジョウカイボン
↑肉食の昆虫は恐い。時には仲間も食べてしまう。

キンイロジョウカイ
←ジョウカイの中で最も美しいものの一つだろう。虫を食べている。

ジョウカイボン
↑幼虫も肉食で早春から活動し昆虫の死体などを食べる。

ジョウカイボン
→メスが餌を食べているときに交尾すればオスは安全に交尾ができる。

067

↑カタツムリを食べるヒメマイマイカブリ。カタツムリも防御で泡を出して撃退しようとするがたいていは食べられてしまう。

エサキオサムシ
←ミミズを食べているところ。こうしてアップにすればライオンがヌーを食べているのとあんまり違わないように思える。

ヒメマイマイカブリ

Damaster blaptoides（学名）　北海道〜九州（分布）…25〜65mm（体長）…林の周辺（環境）

●甲虫目オサムシ科

カタツムリを食べる

　マイマイカブリはオサムシの仲間である。他のオサムシと比べて首が長いのが特徴だ。それはマイマイカブリが主にカタツムリを常食としているからだ。カタツムリの殻の中に首を突っ込むためには、長くなければならないと言うわけだ。カタツムリはマイマイカブリに襲われると、泡を出して防御するがたいていは喰われてしまう。

　オサムシは漢字で歩行虫と書くことがあるが、これはオサムシが飛ぶことができないことによる。オサムシの仲間は英語でもグラウンドビートルと呼ばれる。カタビロオサムシの仲間を除き、後翅が退化している。その代わり脚が丈夫で長く、速いスピードで地上を歩き回ることができる。主にミミズを襲ったり、地面にいる弱った虫やミミズを襲って食べる。死んだ虫なども食べるが、腐ってしまったものは嫌いで新鮮なものを好む。

　オサムシは同じ種類でも地方変異が大きく、マイマイカブリなども多くの亜種に分けられている。

　これは飛ぶことができないので途中に川があったり、高い山があったりすると移動できないため、分化し易いためだと考えられる。

アオオサムシ
↑セミの死骸を食べる。時には死んだ虫も食べるのだ。

アオオサムシ
←幼虫も成虫同様に肉食だ。

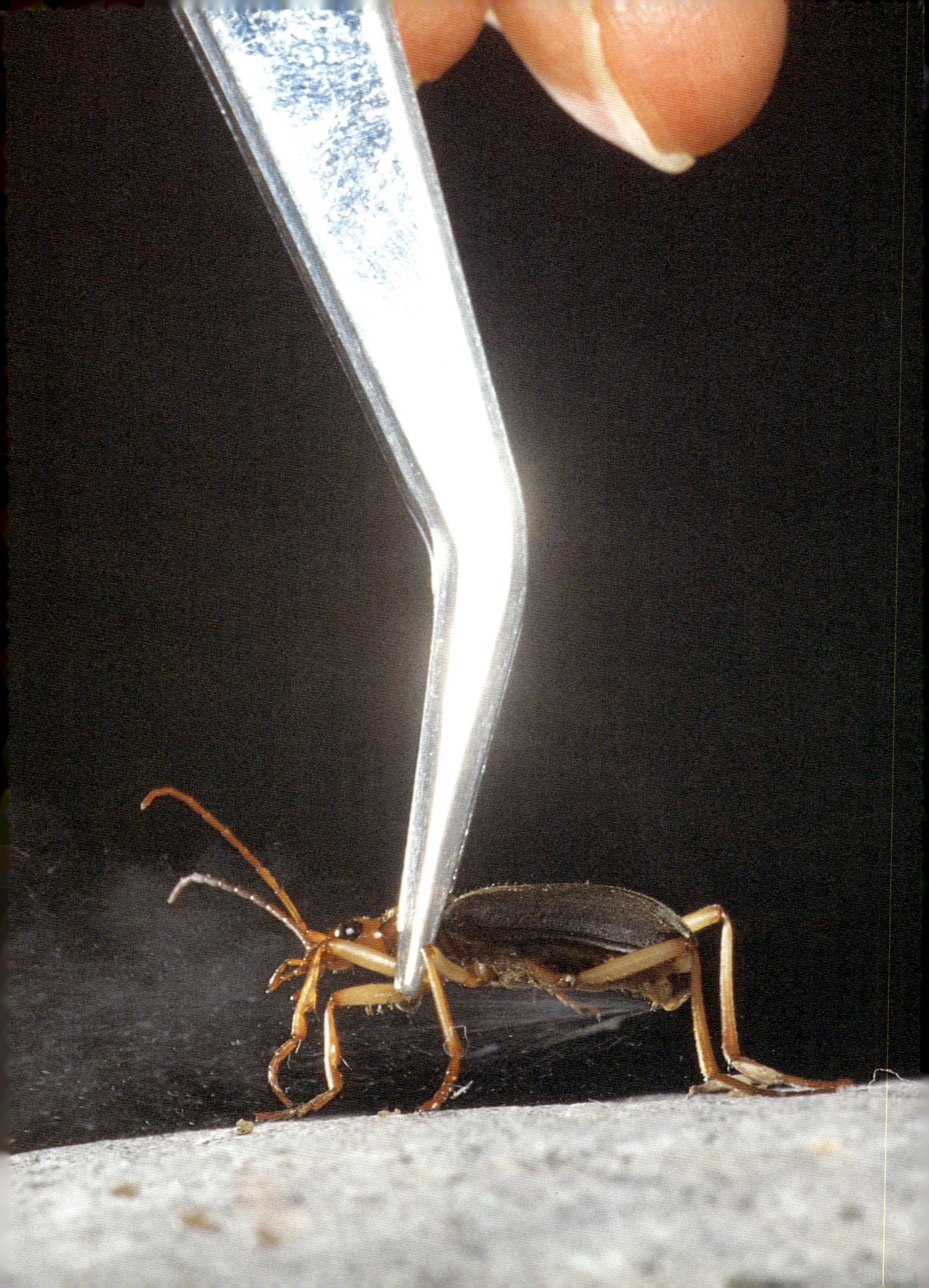

オオホソクビゴミムシ

Brachinus scotomedes（学名）　北海道～九州（分布）…11～15mm（体長）…林の周辺（環境）

●甲虫目クビボソゴミムシ科

臭い虫

　ゴミムシの仲間は触ると極めて臭い匂いを出すものが多い。手につくとなかなかとれないので困る。特にホソクビゴミムシやミイデラゴミムシは強い匂いを出す。

　ホソクビゴミムシにガスをかけられると指が熱く感じられる。写真でガスを噴出する瞬間の写真を撮ってみると、液体を噴射し、それが空気中でガスになることがわかる。しかし液体ガスが気化するのではない。化学反応を起こしてガスになるらしい。何故かと言えば液体ガスならば、気化して指が冷たく感じられるはずだ。

　ゴミムシの仲間は一般に成虫、幼虫共に肉食で、地上性のものが多いが、ヤホシゴミムシのように樹上性のものもいる。多くのゴミムシは肉食で小さな昆虫やミミズなどを食べる。主に弱った個体を襲うが、元気のよい昆虫がおそわれることもある。オオキベリアオゴミムシの幼虫は、アマガエルを襲って食べる変わったゴミムシだ。ほとんどアマガエル専門に食べるらしい。

←ピンセットでつまんだらおしりからガスを噴射した。この虫が大きかったら毒ガス攻撃で人間もやられてしまうかもしれない。

ヤホシゴミムシ
←美しい樹上性のゴミムシ。葉の上を上手に歩き、よく飛ぶ。

オオキベリアオゴミムシ
→大型のといっても15mmほどしかないが美しいゴミムシ。

オオアトボシアオゴミムシ
↓ガの幼虫を食べているところ。ゴミムシは死んだ虫を食べるものも多い。

オオキベリアオゴミムシ
↑幼虫はアマガエルを専門に食べる恐ろしいハンターだ。

↑ハンミョウの鋭い牙で一突きされたらと思うと恐ろしい。ハンミョウが大きくなくてよかった。

ハンミョウ
←ハンミョウはよく飛ぶがすぐに地上に降りるので撮影しやすい昆虫だ。

ハンミョウ

Cicindela chinensis（学名）　本州〜九州（分布）…20mm（体長）…林の周辺の日当たりのよい地面（環境）

● 甲虫目ハンミョウ科

別名、道教え

ハンミョウ
↓大きな大顎は交尾の時にも使われる。メスの首を大顎でつかんだオス。

ハンミョウは初夏のころ山道でよく見かける非常に美しい甲虫だ。ハンミョウは別名道教えとの呼び名がある。これは山道を歩いていくと、ハンミョウが飛び立ち、先へ先へと少し飛んでは道に降りる習性から付けられた名だ。

ハンミョウは成虫も幼虫も肉食で、アリなどの小型の生きた昆虫を捕らえて食べる。幼虫は固い地面に垂直に小さな穴を掘ってその中に住んでいる。頭が平たく、穴の入り口をふさぐようにして獲物を待っている。穴の上をアリなどが通りかかると、上半身を反り返らせて穴から出し、鋭い大顎で獲物を捕らえる。獲物に穴から引きずり出されないように、背中にはコブがあり、穴の壁に引っかかるようになっている。

ハンミョウの成虫の大顎は獲物を捕らえるためのものだが、オスはメスと交尾するときにも大顎を使う。大顎でメスの首をつかんで交尾する。ハンミョウは年に一回の出現で、初夏に地面に産まれた卵は初秋には成虫になり、成虫越冬する。越冬は日当たりのよい砂質の崖などに穴を掘って行う。通常数匹が集団で越冬する。

ハンミョウ
↑アリを捕まえて体液を吸うハンミョウ。

↑大きなお腹をしたマルクビツチハンミョウのメスが葉を食べている。様々な草を食べるが特にマメ科植物を好むようだ。

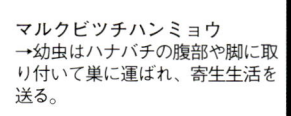

マルクビツチハンミョウ
→幼虫はハナバチの腹部や脚に取り付いて巣に運ばれ、寄生生活を送る。

マルクビツチハンミョウ

Meloe corvinus（学名）　北海道～九州（分布）…7～27mm（体長）…林の周辺の草地（環境）

●甲虫目ツチハンミョウ科

ハナバチに寄生

　ツチハンミョウはハンミョウと名が付いているが、ハンミョウ科の甲虫ではなく、全く異なるツチハンミョウ科の甲虫だ。ツチハンミョウは幼虫がハナバチの巣の中で暮らすという変わった習性を持つ。

　春先に地中に産みつけられた卵は孵化すると、近くのハチの来そうな花の上に登りハチを待つ。ハチが蜜を吸っている間にハチの体につき、ハチの巣に運ばれる。巣内に入った幼虫はハチが卵を産む時に、卵の上に乗り、ハチの卵を食べる。

　そして脱皮するとウジ虫型の幼虫に変態し蜜におぼれないように、小さいうちは自分が食べたハチの卵の殻の上に乗って、蜜や花粉を食べて成長する。

　このように幼虫の形が全く変わる変態を、過変態と呼んでいる。

　幼虫がメスのハナバチに取り付き、うまくハチの巣にたどり着く確率は非常に低い。そのためメスは卵を数千個も産むという。メスの大きなお腹の中にはびっしりと卵が詰まっている。

マルクビツチハンミョウ
←シロツメグサの花でハナバチがやってくるのを待つ幼虫。

マルクビツチハンミョウ
↓地面に穴を掘り、産卵するメス。黄色く見えるのが卵だ。

↑水の中を泳ぐゲンゴロウ。後ろ脚には毛がたくさん生えていることがよくわかる。

ゲンゴロウ
←水中の植物の茎の中に産卵するメス。ヒルムシロなどの柔らかな植物に好んで産卵する。

ゲンゴロウ

Cybister japonicus（学名）　本州〜九州（分布）…35〜40mm（体長）…低山帯の水のきれいな溜池など（環境）

●甲虫目ゲンゴロウ科

ゲンゴロウとガムシ

　ゲンゴロウとガムシは一見よく似ているがゲンゴロウは肉食、ガムシは草食の甲虫だ。両種共に水中生活者で、体も他の甲虫と異なる。

　ゲンゴロウの後ろ脚は毛がたくさん生えていて、水の中を泳ぐときに足ひれのような役目をする。ゲンゴロウは、大体は弱った魚や死んだ魚を食べるが、極めて活発に水中を泳ぎ魚を捕らえて食べることもある。水中を素早く移動するのに、この後ろ脚は便利である。一方、ガムシは水中の植物や枯れ葉を主な食事としている。植物食なので、そんなに素早く泳ぐ必用はないのか、後ろ脚はそれほど発達せずに、水底を歩き回る。

　水中で長く留まるには呼吸の工夫が必要だ。ゲンゴロウは尻を水面に出し、翅（はね）の下に空気をためる。ゲンゴロウの尻に空気の泡がついているのは、息を吐いているところだ。ガムシは首を水面に出し空気を取り入れる。横から見ると空気が取り入れられる様子がよくわかる。腹側に毛があってそこに空気をためるので、空気をためたガムシの腹は水中で銀色に光って見える。

マルガタゲンゴロウ
↑本州、四国、九州のため池などに生息する体長13mmほどの丸っこい形のゲンゴロウ。愛嬌のある顔をしている。

ガムシ
←水面に首を出して空気を取り入れているところ。お腹はためられた空気で銀色に光っている。

ガムシ
←産卵するメス。水面に浮かんだ葉などを使って作った泡状のケースの中に卵を産む。

↑アブラムシを捕食するナミテントウ。一見かわいらしい虫だが、こうして食べている姿を見ると獰猛そうに見える。

ナミテントウ
←前翅や胸の模様は個体により様々。前翅の模様は上の食べている写真の個体と似ているが、胸の模様はだいぶ違う。

ナミテントウ

Harmonia axyridis（学名）　北海道〜九州（分布）…7〜8mm（体長）…草地、林の周辺（環境）

●甲虫目テントウムシ科

模様が違っても同じ種

ナミテントウにはいろいろな模様のものがいる。ナミテントウは昆虫の中で最も多様な模様を持つ種であろう。この模様は遺伝で決まるという。基本的にいくつかの型があるが、中間型のような模様があり、千差万別だ。

こんなに模様があって、オス、メスの出会いに支障を来さないかとも思うが、恐らく、仲間同士のコミュニケーションにこの模様が使われることはない。

テントウムシの目立つ模様は外敵に向けての警戒色である。テントウムシは足の付け根から汁を出す。この汁は苦いので鳥が食べないらしい。そのためにぼくは不味いよと宣伝するための色や模様である。

11月にものすごい数のテントウムシの飛翔を見ることがある。越冬の場所を探して飛ぶテントウムシだ。テントウムシは冬は集団で、比較的日当たりの良い崖の岩の割れ目などにもぐり込んで越冬する。越冬に好適な場所では匂いが残っているのか、毎年同じ場所に集まってくる。

ナミテントウ
↑斑紋の異なった個体も交尾して子孫を残す。

ナミテントウ
↓冬は岩の割れ目などに集まって集団で越冬する。様々な斑紋の個体がいる。

ナミテントウ
↑最もよく見られる二紋型の個体。同じ二紋型でも、赤紋の形は個体によって異なる。

079

↑こうして拡大してみるとずいぶん立派な虫に見えるが実際の大きさは8mmほどしかない。

ナナホシテントウ

Coccinella septempunctata（学名）　北海道〜八重山（分布）…7〜8mm（体長）…農地、草地（環境）

●甲虫目テントウムシ科

見かけによらず獰猛な甲虫

ナナホシテントウは草原で見られる代表的なテントウムシだ。ナミテントウのような個体変異は無く、どれも赤地に7個の黒い水玉模様を付けている。

テントウムシは漢字で天導虫と書くことがある。それはテントウムシを指にのせると上に登っていき、指先から空へ向かって飛び立つ習性による。この習性と愛らしい姿から、ヨーロッパではテントウムシは幸せを呼ぶ虫とされている。

ところがテントウムシは実はとても獰猛な虫である。その餌は幼虫も成虫も生きたアブラムシだ。

マクロレンズでアブラムシをむさぼり食うテントウムシの姿を覗くとすごい迫力だ。ナナホシテントウはお腹がすくと、自分の幼虫も捕まえて食べる獰猛な昆虫である。

ナナホシテントウの幼虫期間は短く、卵から成虫まで1ヶ月もかからない。夏の暑いのは苦手であるらしく、主に活動するのは春先と秋だ。

秋に羽化した成虫は成虫越冬するが、越冬している期間は短い。冬が暖かな地方ではほんのちょっと寝るだけで、2月にはもう活動し卵を産むほどだ。

ナナホシテントウ
↑幼虫も成虫も食べ物は変わらない。アブラムシをつかまえて食べる成虫。

ナナホシテントウ
↑アブラムシをむさぼり食う幼虫。腹端の吸盤と足を使って巧みに歩いて餌を探す。

ナナホシテントウ
↑時には幼虫を捕まえて食べてしまうこともある。ナナホシテントウは結構獰猛な甲虫だ。

ナナホシテントウ
→交尾。上に乗っているのがオスである。オスもメスもあまり違わないがメスの方が丸っこく大きい。

↑正面から見たところ。カメのように足を縮めている。胸に付いている赤い汁はびっくりして出したものだ。臭い匂いがして身を守るのに役立つ。

カメノコテントウ
→クルミハムシの幼虫を捕まえて食べるカメノコテントウの幼虫。クルミハムシは手も足も出ない。

カメノコテントウ

Aiolocaria hexaspilota（学名）　北海道〜九州（分布）…11〜13mm（体長）…クルミのある林の周辺（環境）

●甲虫目テントウムシ科

クルミハムシの幼虫を専門に喰う

カメノコテントウは日本で一番大型のテントウムシだ。他のテントウムシがアブラムシを食べるものが多いのに対し、カメノコテントウはクルミハムシというハムシの幼虫を特に好んで喰う。だからカメノコテントウは、クルミの木のある山地に多い。

ナナホシテントウなどが1年に何回か世代交代するのに対し、カメノコテントウは年1回の発生であると思われる。

越冬（えっとう）からさめた成虫は5月から6月にクルミの木に卵を産む。ちょうどそのころはクルミハムシの産卵の季節である。

クルミの木では7月頃には、成長したハムシの幼虫とカメノコテントウの幼虫が同時に見られる。カメノコテントウの幼虫は体長2cmほどもあり、クルミハムシをむさぼり食う様子はなかなかの迫力である。

成虫は触ると赤い汁を出す。この色と臭いはナミテントウのそれとよく似ている。冬は岩の割れ目や朽ち木の木の皮の下で集団越冬する。岩の割れ目はナミテントウも越冬場所に選ぶので、両方が一緒にいることも多い。

カメノコテントウ
↑蛹（さなぎ）に触ると体を起こす。ちょっと恐い顔に見える。

カメノコテントウ
←集団で朽ち木の木の皮の下で越冬していた。大きなカメムシも一緒にいた。

083

↑植物食のトホシテントウの顔は肉食のものよりはやさしくみえる。

キイロテントウ
↑カビや病原菌を食べるこのテントウムシの色つやは肉食のテントウムシと変わらない。

トホシテントウ

Epilachna admirabilis（学名）　北海道〜九州（分布）…約7mm（体長）…田園、住宅地（環境）

●甲虫目テントウムシ科

草食のテントウムシ

テントウムシの中には草食のものもいる。草食のテントウムシは肉食のものと比べ体につやが無いものが多いので、大体そのテントウムシが肉食かどうかは見れば想像がつく。

トホシテントウはカラスウリ、オオニジュウヤホシテントウはジャガイモなどナス科植物というふうに、草食テントウが食べる植物は決まっている。ジャガイモなどは日本にはなく南米原産のものだから、オオニジュウヤホシテントウもジャガイモなどと共に世界に広がった帰化昆虫かもしれない。

キイロテントウはつやつやした美しい黄色の翅（はね）を持つ体長5mmほどの小型のテントウムシだ。キイロテントウの食事は、ウドンコ病などの病原菌や植物につくカビなどである。

植物にとって見ればキイロテントウや、アブラムシを食べるナミテントウなどは益があり、オオニジュウヤホシテントウなどは、葉を食べられてしまうから害虫と言うことになる。

アカホシテントウ
↓カイガラムシを食べる肉食のテントウムシである。

エゾアザミテントウ
↑アザミなどの葉を食べるテントウムシ。オオニジュウヤホシテントウに似ている。

オオニジュウヤホシテントウ
→羽化したところ。植物食のテントウムシは前蛹で越冬し春先に羽化する種が多い。

085

↑交尾しているゲンジボタル。オスはメスの出す光りを目当てにメスのいる場所に行く。

ゲンジボタル
←夏の夜、光りの乱舞がみられる。最近は川がきれいになり一時よりはゲンジボタルは増えてきたようだ。

ゲンジボタル

Luciola cruciata（学名）　本州～九州（分布）…10～15mm（体長）…清流（環境）

●甲虫目ホタル科

光りは愛の言葉

　昼間活動する昆虫は視覚に頼って雌雄が出会うものが多い。最終的な種の確認は臭覚に頼る。夜行性の昆虫は主に臭いを頼りに出会い、最終的には視覚を使うものもいる。夜は暗いから視覚は相手に近づかないと役立たない。ところがゲンジボタルは光を信号にしてオスとメスが出会う。これは夜行性の昆虫にとっては画期的なことだ。

　ゲンジボタルの幼虫はきれいな流れに棲み、カワニナという貝を食べて育つ。だから水がきれいでカワニナのいる川があることがゲンジボタルの生息条件になる。幼虫はサクラの咲く頃の雨の降った日の夜、川から上陸し地中で蛹になる。ゲンジボタルは卵、幼虫、蛹共に発光する。

　ホタルは種によって光り方が異なり、別種の信号には反応しない。たとえばゲンジボタルとヘイケボタルはよく似ているが、ゲンジボタルは約4秒に1回光り、ヘイケボタルは発光間隔が短いので間違えることはない。

　世界のホタルで光るのはごく一部の種類である。日本のホタルでもオバボタルなどは光らない。またマドボタルの仲間など成虫になっても、メスが幼虫の形をしているものもいる。

オオシマミマドボタル
↑マドボタルの仲間のメスは成虫になっても幼虫のような形をしている種が多い。

ゲンジボタル
←桜の散った頃、蛹になるために上陸する。

ゲンジボタル
→土の中の蛹。蛹の時代もよく光る。

オバボタル
↑オバボタルは光らないホタルだ。そのかわり昼間に活動する。

087

↑小さなハネカクシもこうして大きく拡大すると、頭部や胸部などの特徴が甲虫であることを示している。

ハネカクシの仲間
→飛翔するハネカクシの仲間。後翅は一般的な甲虫よりむしろ大きい。

ハネカクシの仲間

Staphylinidae（学名）　種によって異なる（分布）…2〜20mm（体長）…種によって異なる（環境）

●甲虫目ハネカクシ科

隠された大きな後翅

　外見からは何だかハサミムシみたいに見えるが、これでも立派な甲虫の仲間である。前翅が極めて小さく、とても飛びそうには見えないが、前翅の下には大きな後翅が折りたたまれて入っている。

　ハネカクシは極めて小さいものが多く、体長は2mm〜20mmぐらい。最も多いのは3mmほどのものである。地味で目立たない甲虫だが、実は地表の甲虫の中で最も種類数が多く、かつ個体数も多い昆虫だと言われている。ハネカクシ類は日本から2000種ほどが見つかっていて、今でも最も多く新種が見つかる甲虫である。

　ハネカクシは成虫、幼虫共に小さな昆虫やダニなどを捕食するものが多く、キノコや樹液に集まる種類もいる。ハネカクシ類の中には毒液を出すものもいて、畑の近くに生息し、人家の灯りによく飛来するアオバアリガタハネカクシを潰して、皮膚が腫れ上がったとの報告例も多い。

アオバアリガタハネカクシ
←ごく小型のハネカクシだが、この虫には触らない方がよい。迂闊につぶしたりすると後で痛い目にあう。

ハネカクシ
↓クヌギの樹液のところで交尾していた大型のハネカクシ。右にいるのはムナビロオオキスイ。

ホソフタホシメダカハネカクシ
←大きな目玉が特徴。アリのように地面を歩き回っている。

089

↑ヨツボシヒラタシデムシはシデムシの仲間としては生きた昆虫を捕食する変わり者だ。

ヒラタシデムシ
↑北海道に分布するシデムシで、仲間の死体を食べている。本州以南には似たオオヒラタシデムシがいる。

クロヒラタシデムシ
↑弱ったプライアーシリアゲを襲って食べているところ。

モモブトシデムシ
←樹液をなめているところ。ヒラタシデムシの仲間の食性は多岐に渡るようだ。

ヨツボシヒラタシデムシ

Dendroxena sexcarinata（学名）　北海道〜九州（分布）…10〜15mm（体長）…低山（環境）

甲虫目シデムシ科　死体の掃除屋

　シデムシは漢字で死出虫である。多くのシデムシは動物の死体の掃除屋である。特にモンシデムシの仲間は、ネズミなどの死体の下を掘って、地中に死体を埋め、卵を産み付ける。埋めた死体の皮をはいで、幼虫が食べやすいように肉団子に加工する。成虫はそこに留まり、卵にかびが生えたりしないように舐めたり、幼虫に口移しで餌を与えるなど、手の込んだ子育てもするという面白い習性を持っている。

　モンシデムシやクロシデムシの体にはたくさんダニがついていることが多い。このダニはシデムシにとって害があるわけではないらしい。むしろ巣内で餌に発生する有害な昆虫を除去したりする。

　シデムシの仲間でよく見かけるのはヒラタシデムシ類である。ヒラタシデムシ類は主に新鮮な動物や昆虫の死体に集まるが、時には弱った昆虫を捕食することもある。糞を食べたり、カタツムリを襲って食べるものもある。ヨツボシモンシデムシは、地上性のものが多いシデムシの中で木登りのうまい種だ。ガの幼虫を捕食するのを見かけることがある。

ヒメヒラタシデムシ
↓糞を食べている小型のヒメヒラタシデムシ。

クロボシヒラタシデムシ
↑ヒミズの死体にやってきたクロボシヒラタシデムシ。

ヤマトモンシデムシ
↓モンシデムシ類の体には多数のダニがとりついていることが多い。ダニはシデムシの血を吸うわけではないらしい。

↑アオハムシダマシは花の蜜が大好きな美しい甲虫だ。

クワガタゴミムシダマシ
←朽ち木に発生する頭部に立派な2本の角を持つ甲虫。

アオハムシダマシ

Arthromacra decora（学名）　本州〜九州（分布）…8〜12mm（体長）…山地林縁（環境）

●甲虫目ハムシダマシ科

ダマシとモドキ

　昆虫の和名の付け方には一応の規則がある。例えばクワガタムシ科の昆虫なら必ず〜クワガタと名付けられる。科の名前が最後に付くのが大体のルールである。だからカミキリモドキというのはカミキリモドキ科の甲虫であるし、アトコブゴミムシダマシはゴミムシダマシ科の甲虫である。

　カミキリモドキもカミキリムシもゴミムシダマシもゴミムシも、対等な関係の科の昆虫である。

（本当はゴミムシ科と言うのはなくてホソクビゴミムシ科、オサムシ科などに分けられる）

　アゲハモドキというガがいる。このガは毒チョウのジャコウアゲハに擬態（ぎたい）している。だからこの場合のモドキは似ることで得をしている。しかしゴミムシダマシやカミキリモドキは特に擬態しているというわけではなく、人間が勝手に付けた名である。なにもダマシやモドキが劣（おと）っているわけでもないし、別にだましているわけでもない。

　特にゴミムシダマシ科の甲虫は多様な種を含んでいる。実際に細分化すればもっと多くの科に分かれるかもしれない。とりあえずゴミムシにちょっと姿の似た虫の仲間を、集めて作られたというのが真相であろう。

フトナガニジゴミムシダマシ
←朽ち木の上によくいる。水に浮いた油のような不思議な色をしたゴミムシダマシだ。

アトコブゴミムシダマシ
↓ごつごつした特徴ある甲虫だ。山地性の種で結構珍しい。

モモブトカミキリモドキ
↑春にタンポポなど様々な花の上で見られる。ももが太いのはオスだけ。

スジカミキリモドキ
←小型だが美しい種で花に集まる。

↑長い口を伸ばしてタンポポの蜜を吸っているところ。ストローのような長い口は花の奥の蜜腺から蜜を吸うのに便利だ。

キアゲハ
←翅の表面は鱗粉と呼ばれる鱗のような毛で覆われている。鱗粉があるからチョウは美しい色を持てた。

キアゲハ

Papilio machaon（学名）　北海道～九州（分布）…約100mm〈夏型〉（体長）…農地、草原（環境）

鱗翅目アゲハチョウ科 チョウの体

チョウは他の昆虫と同じように、体は頭部・胸部・腹部の三つに分けられる。ほかの昆虫と比べると翅が著しく大きく、美しい鱗粉で被われるのが特徴だ。翅の色や模様はコミュニケーションの手段としてその色や模様が使われるのが特徴だ。

頭部には1対の複眼がある。複眼は通常1万個以上の個眼の集まりでできている。たくさんの個眼でできているから、物がたくさんに見えるわけではない。視野のおのおのの部分をつなぎ合わせて、全体を見る構造になっている。またチョウは色を識別することもできる。

チョウは幼虫と成虫で全く異なる形態をしている。幼虫の頭部には単眼があり、明るさなどを感じることができる。口には大あご、小あご、糸を出す吐糸腺などがある。

幼虫の胸部には三つの節があり、それぞれ1対ずつ計6本の足がある。この足は成虫の足と同じ位置にある。腹部にも普通5対の腹足があるが、これは成虫になると消失する。

歩くためや体を固定するためには主に腹足が使われ、胸足は体の方向を決めたりするのに使われる。腹部にある5対の腹足は鱗翅（りんし）目の幼虫の特徴である。幼虫は主にこの腹足を使って歩く。

キアゲハ
←幼虫の頭部。頭の両側にある小さなぶつぶつが単眼だ。単眼は物の形をよく見ることはできない。

キアゲハ
↓腹足は草の茎などにしっかりとつかまるのに適した形をしている。

キアゲハ
↑成虫はよく見える複眼を持っている。ゼンマイのように巻かれた口も見える。

↑ヘビの頭のようにも見える不気味な模様を持つミヤマカラスアゲハの幼虫。

オナガアゲハ
↑オナガアゲハは山地性の種で、幼虫はコクサギや
イヌザンショウなどにいる。

ビロードスズメ
↑怒ると体を曲げて威嚇のポーズをとるビロード
スズメの幼虫。

ミヤマカラスアゲハ

Papilio maackii（学名）　北海道〜九州（分布）…約130mm〈夏型〉（体長）…谷川、林の周辺（環境）

●鱗翅目アゲハチョウ科

ヘビに似る

　アゲハチョウ科の幼虫は、胸部に目玉のような模様があるものが多い。これは本当の目玉ではなく単なる模様である。幼虫の本当の目玉は頭部にあり、目立たない。

　幼虫の体は細長いので、目玉模様を持つことで、何となくヘビを連想させる。さらに驚かせると頭部と胸部の境目から、臭いにおいの肉角を出す。肉角は前胸背板の前方の皮膚が管状に変化した物である。目玉模様や肉角は外敵をおどかし、身を守る役割をしていると思われる。色は種によって決まっていて、たとえばアゲハはオレンジ色の肉角を出し、クロアゲハは赤色の肉角を出す。

　目玉模様を持つ幼虫はアゲハチョウ科以外にも見られる。スズメガ科の幼虫はアゲハチョウ科の幼虫同様に胸部に目玉模様を持つものが多い。スズメガ科の幼虫は怒ると胸部をふくらませる。すると目玉模様はさらによく目立ち、アゲハチョウ科の幼虫以上にヘビに似るものも多い。

　シロチョウ科のツマベニチョウの幼虫もヘビに似ている。触ると体を硬直させて頭を持ち上げる。体長5cmほどのミニヘビだが、こうしてアップにするとなかなかの迫力である。

ツマベニチョウ
↑体を硬直させ頭部をふくらませて威嚇するツマベニチョウの幼虫。

ミカドアゲハ
↑暖かい地方に分布するミカドアゲハの幼虫はかわいらしい目玉模様を持つ。

クワコ
←蚕の原種と言われるクワコの幼虫は目立つ目玉模様を持つ。蚕にも小さな目玉模様はある。

クロアゲハ
↑赤い肉角を出し威嚇するクロアゲハの幼虫。

↑蜜を吸おうと、ゼンマイのように巻かれていた口を伸ばしはじめたところ。一瞬に伸びるので途中を写すのは案外難しい。

アゲハ
↑こうして正面からチョウの顔をアップにすると、目は体に比してずいぶんと大きいことがわかる。

モンシロチョウ

Pieris rapae（学名）　北海道～八重山（分布）…約55mm（体長）…キャベツ畑など（環境）

●鱗翅目シロチョウ科

便利なストロー

チョウの食べ物は花の蜜など液状のものだ。モンシロチョウは黄色や白の花が大好きという風に、チョウによって好む花の色は異なる。

口吻と呼ばれる口は一本の管のようになっている。ふだんはゼンマイ状に巻かれているが、蜜を吸う時はストローのようにのびる。そして、のどの奥にある筋肉のポンプで蜜を吸い上げる。

触角は臭いをかぐ器官である。食物のありかや、産卵植物や、メスとオスの確認などに重要な役目をする。

触角の形はセセリチョウ科では一般に先端がとがり、ほかの科では先端が棍棒状になっている。

胸は前胸、中胸、後胸に分かれ、3つの節にはそれぞれ1対ずつ計6本の足がついている。足は歩くためよりも、とまるときに体をささえる役目をする。けれどシジミチョウ科やタテハチョウ科のチョウでは、とまった後に足を使って目的地まで移動することも多い。

胸部のまん中と後ろの節にはおのおの1対の羽がある。羽は胸部についている飛翔筋によって動かされる。チョウの羽は体に比べてとても大きいので、羽を打ち下ろすと体は上にあがり、打ち上げると下に下がる。だからチョウはひらひらと飛ぶ。

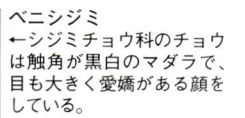

ベニシジミ
←シジミチョウ科のチョウは触角が黒白のマダラで、目も大きく愛嬌がある顔をしている。

イチモンジセセリ
↓セセリチョウ科のチョウはひときわ長い口吻を持っている。

モンキチョウ
↑可愛らしいと思っていたモンキチョウだが、案外恐い顔をしていた。

ミヤマセセリ
→ミヤマセセリは年1回、早春だけに出てくるチョウだ。

↑オオムラサキなどタテハチョウ科のチョウの前脚は畳まれていて脚としての役目はしないが感覚器官として重要だ。

オオムラサキ
←エノキの葉を食べるオオムラサキの幼虫。幼虫期間は8月から翌年6月と極めて長い。

オオムラサキ

Sasakia charonda（学名）　北海道〜九州（分布）…70〜90mm（体長）…雑木林の周辺（環境）

●鱗翅目タテハチョウ科

日本の国蝶

オオムラサキは日本の国蝶である。日本、台湾、中国など東アジアに分布するタテハチョウ科のチョウで、この科の中では世界最大級の美しいチョウだ。決して珍しいチョウではないが、雑木林と幼虫が食べるエノキの木がないと生息できない。

年1回、6月末から7月にかけて雑木林に出現し、滑空（かっくう）するように勇壮（ゆうそう）に飛ぶ。成虫はクヌギなどの樹液に群がる。食欲旺盛（しょくよくおうせい）なチョウで、黄色い太い口で樹液をすっているときは近づいても逃げないほどだ。熟した果物や汚物にもやってくるが花には全く見向きもしない。

スミナガシも同じタテハチョウ科の美しいチョウだ。幼虫の頭部には2本の突起があって、写真を撮るとなかなか面白い顔をしていた。スミナガシの口は真っ赤でよく目立つ。スミナガシの幼虫の食べ物はアワブキという植物の葉である。

オオムラサキやスミナガシの脚は4本しかないように見える。タテハチョウ科やマダラチョウ科のチョウでは、前足は退化（たいか）して短くて、ふだんはたたまれているので4本足のように見えるのだ。前脚は小さく、主に味を感じるために使われている。

スミナガシ
↑真っ赤な口と緑色の目を持つおしゃれなスミナガシ。果物から汁を吸っているところだ。

スミナガシ
←スミナガシは幼虫も面白い顔をしている。顔面の模様もなかなかおしゃれだ。

↑空中で静止しながらカクトラノオの蜜を吸うホシホウジャク。自由自在に空中静止ができるその飛行能力はすばらしい。

ホシホウジャク

Macroglossum pyrrhosticta（学名）　北海道〜沖縄（分布）…約60mm（体長）…人家周辺（環境）

●鱗翅目スズメガ科

昆虫界のハチドリ

　ホウジャクの仲間は主に朝や夕方、活動するスズメガ科のガだ。極めて長い口を持ち、空中に静止しながら、その長い口で蜜を吸う。動きが敏捷でよくハチに間違えられて恐れられたり、ハチドリが日本にもいたと、ニュースになることもある。ともかくもガのイメージとはかけ離れている。

　ホウジャクが小刻みに飛び回りながら次々と花を訪れる様を見ていると、南米に棲むハチドリを連想させる。ハチドリも空中静止しながら長い口から舌を出して蜜を吸う。

　オオスカシバやクロスキバホウジャクもホウジャクに近いスズメガ科のガで、こちらは日中暑い盛りに飛ぶ。

　オオスカシバはガのくせに翅には鱗粉が無いし、クロスキバホウジャクもほんの少ししか鱗粉を持たない。この2種は翅が透明なのでホウジャクよりもハチに似ている。

　オオスカシバもクロスキバホウジャクも、蛹から羽化したばかりの時は鱗粉がある。ところが飛び立つと同時にその鱗粉は全部とれてしまう。翅の鱗粉という鱗翅目の昆虫だけが持つ特徴を、わざわざ無くしてしまった興味深いガである。

オキナワクロホウジャク
↑ランタナの花から蜜を吸うオキナワクロホウジャク。

スキバホウジャク
←翅が透明なホウジャクで山地に多い種だ。口はあまり長くない。

オオスカシバ
↑オオスカシバは平地で見られ、暑い日中にも活動する。

ホウジャク
→コスモスから蜜を吸っているホウジャクを正面から撮影した。口が極めて長いのがよくわかる。

↑立派な触角を持つが口は退化してしまっている。ヤママユガ科のガのオスはメスの匂いをかぐことに特化した体の構造を持つ。

オオミズアオ
↑オオミズアオのオス。都会でも見られる大型の美しいガだ。

アオリンガ
→ガの仲間としては触角が細い。5月頃出る美しいガだ。

ウスタビガ

Rhodinia fugax（学名）　北海道〜九州（分布）…約80mm（体長）…雑木林（環境）

●鱗翅目ヤママユガ科

大きなアンテナ

ウスタビガは年1回10月から11月に出現する美しいヤママユガ科のガである。成虫は何も食べず、オスはメスを探すことだけが仕事で、メスは産卵することだけが成虫になった目的である。大きく美しいのでチョウと間違えたりする人もいる。

チョウとガの最もよい識別点は触角を見ることである。チョウの触角は棍棒状で先端が太くなっている。ガの場合には様々な形の触角があるが、棍棒状の触角を持つものはごく少ない。

触角は臭いをかぐための器官である。夜行性のガは一般にオスとメスの出会いにフェロモンと呼ばれる匂いを使う。羽化したばかりのメスは尻からフェロモンを出し、その匂いをかいでオスが来る。

ガではオスの触角はメスより発達しているものが多い。特にヤママユガ科のオスは大きな鳥の羽毛のような触角を持っている。昔はテレビのアンテナにはたくさんの枝が付いていた。電波を拾う部分を多くすることで安定して受信ができるのだ。島など発信地から遠いところの方が大きなアンテナを使った。

ヤママユガの仲間の触角はそれと同様に面積を広くすることで、メスの匂いを感知することができるようになっている。

オオシモフリスズメ
←風格のある顔つきのオオシモフリスズメは珍しい種だ。

セダカシャチホコ
↓とんがり帽子をかぶったような愛嬌ある顔つきだ。

トガリバsp.
↑鳥の顔みたいに見えるトガリバの仲間。

↑どうだ恐いだろうと言っているようだが、効果のほどはいかがなものか。

ヤママユ
↑目玉模様は出しっぱなしだが迫力はある。触ると落ちて、ばたばたと羽ばたくがこれも脅しだろうか。

クスサン

Calligula japonica（学名）　北海道〜沖縄（分布）…約110mm（体長）…里山（環境）

●鱗翅目ヤママユガ科

目玉模様

　ヤママユガ科のガの後翅には、大きな目玉模様を持つものが多い。このような翅の目玉模様は、ガの天敵の鳥を脅すためのものだと考えられている。

　ネコや猛禽類など捕食性の動物は、正面を向いた2つの大きな目玉を持つ。目玉の大きさはだいたい体の大きさに比例する。ガを食べようとした小鳥は、そこで大きな目玉を見せられると、自分より大きな強い動物がいると錯覚して驚くらしいのだ。目玉風船というのがある。ハトやスズメを脅すための風船である。この風船は人間がこのような鳥の習性を利用して作ったものなのだ。

　ヤママユガは前後翅共に目玉模様があり、とまっているときもその目玉模様は見えているが、クスサンは前翅を下げて、後翅の目玉模様が見えないようにとまる。そして触ったりすると前翅を上げて、後翅の目玉模様を見せる。ヒメヤママユは触ると前翅を上げたり下げたりする。

　ヤママユのように見せっぱなしにするよりは、クスサンのように隠していた目玉模様を、パッと見せた方が脅かす効果があるように思えるし、ヒメヤママユのように翅をゆっくりと動かすと、さらに不気味に見える。スズメガ科のウチスズメやコウチスズメなども後翅に目玉模様を持ち、驚かすとその模様を見せる。

エゾヨツメ
←美しい目玉模様を持ち、早春に高原で見られる珍しいガ。

ヒメヤママユ
↓脅かすと翅を上下させる。日本産のヤママユガで脅しの効果が最もある種だと思う。

コウチスズメ
↑スズメガの仲間にも目玉模様を持つものがいる。

↑普段はあまり見せない腹側から撮影したもの。結構愛嬌があると思うのだが。

トビモンオオエダシャク
↑木の幹にとまれば、ご覧の通りカムフラージュが上手なガだ。

トビモンオオエダシャク
↑幼虫はシャクトリムシ。10cmちかくの大きさになるが枝そっくりで目立たない。

トビモンオオエダシャク

Biston rubustus（学名）　北海道〜沖縄（分布）…♂55mm、♀70mm（体長）…住宅地、雑木林など（環境）

●鱗翅目シャクガ科

巧妙なカムフラージュ

　シャクガ科のエダシャクの仲間は幼虫が木の枝そっくりなものが多い。トビモンオオエダシャクはその代表だ。

　トビモンオオエダシャクは春先に活動するガで、成虫も木の幹にとまっていると木の幹に紛れてなかなか見つからない。親子共にカムフラージュの達人である。

　さらに上手を行くのがキエダシャクやカギシロスジアオシャクの幼虫だ。キエダシャクは新しく伸びたノバラの枝にそっくりである。ノバラの新芽には赤っぽい棘（とげ）がある。キエダシャクの幼虫も薄緑色の体に、赤みを帯びた棘のような突起がある。胸脚すら先端は赤黒くなっていて小さな棘のように見える。

　カギシロスジアオシャクの幼虫はコナラやクヌギの葉を食べる。幼虫が成長する時期は、ちょうど芽が膨らみ葉が伸びてくる季節だ。カギシロスジエダシャクの1cmぐらいの幼虫は体の前と後ろが茶色で、膨らんだ木の芽そっくりである。そして数日して葉が伸びはじめるのに合わすように、脱皮した幼虫は背中の茶色の突起が目立つようになる。そして体の前半部は緑色になるのである。さらにその背中の突起は、伸びはじめた芽についている鱗片（りんぺん）のように見えるから恐れ入る。

カギシロスジアオシャク
↑どこまでが幼虫で、どこがとまっているコナラの枝かわかるだろうか。

キエダシャク
↑バラの枝そっくりでバラにとまっているのだから恐れ入る。

カギシロスジアオシャク
←カムフラージュの天才で顔も開きかけた冬芽のようだ。

↑日本で一番体格のよいバッタだ。触角の間にある小さな点は単眼で明るさなどを感じるらしい。

トノサマバッタ
←ハサミのような口で葉を切り取りむしゃむしゃと食べる幼虫。

トノサマバッタ

Locusta migratoria（学名）　北海道〜八重山（分布）…♂35〜40mm、♀45〜65mm（体長）…田園、草原（環境）

●直翅目バッタ科

力強い後ろ脚

トノサマバッタは体のがっしりした日本で一番立派なバッタだ。一般にトノサマバッタは卵で越冬し、東京以北では年1回夏から秋に発生する。東海地方から西の暖かな地方では6月と9月頃の二回発生し、九州南部などでは冬にも幼虫が見られ、年中発生している。

トノサマバッタの脚はとても太く、一跳びで1m以上もジャンプすることができる。空中に飛び出すときは、まず後ろ脚でジャンプし、空中で翅を開いて空高く舞い上がる。こうすることで、直接地上から飛び立つより速く、しかもエネルギーも使わずに移動することができるのだ。

トノサマバッタには緑色の型と茶色の型がある。緑の濃い草原では緑色のものが多く、河原などでは茶色のものが多い。トノサマバッタは時に大発生することがある。幼虫時代を集団で暮らすと、体の色が普通の茶色がより黒くなり翅も長くなる。このようなトノサマバッタは飛翔力が強く、時に集団で植物を食い荒らしながら移動することがあり恐れられる。

トノサマバッタ
←大きな黒いつぶらな瞳ががっちりとした角張った顔についている。

トノサマバッタ
↑脚の先端にはイボイボがあって葉にとまるときに役に立つ。

トノサマバッタ
←腹部の付け根にあいている穴は耳の役目をする。

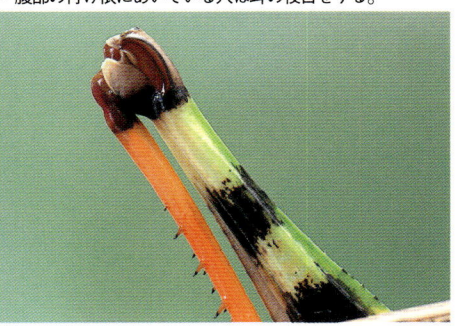

トノサマバッタ
↑後ろ脚の間接にあるふくらみは特別な筋肉が詰まっていて、跳ねるときに強力なバネの役目をする。

トノサマバッタ
←頭部と胸部をしたから見たところ。

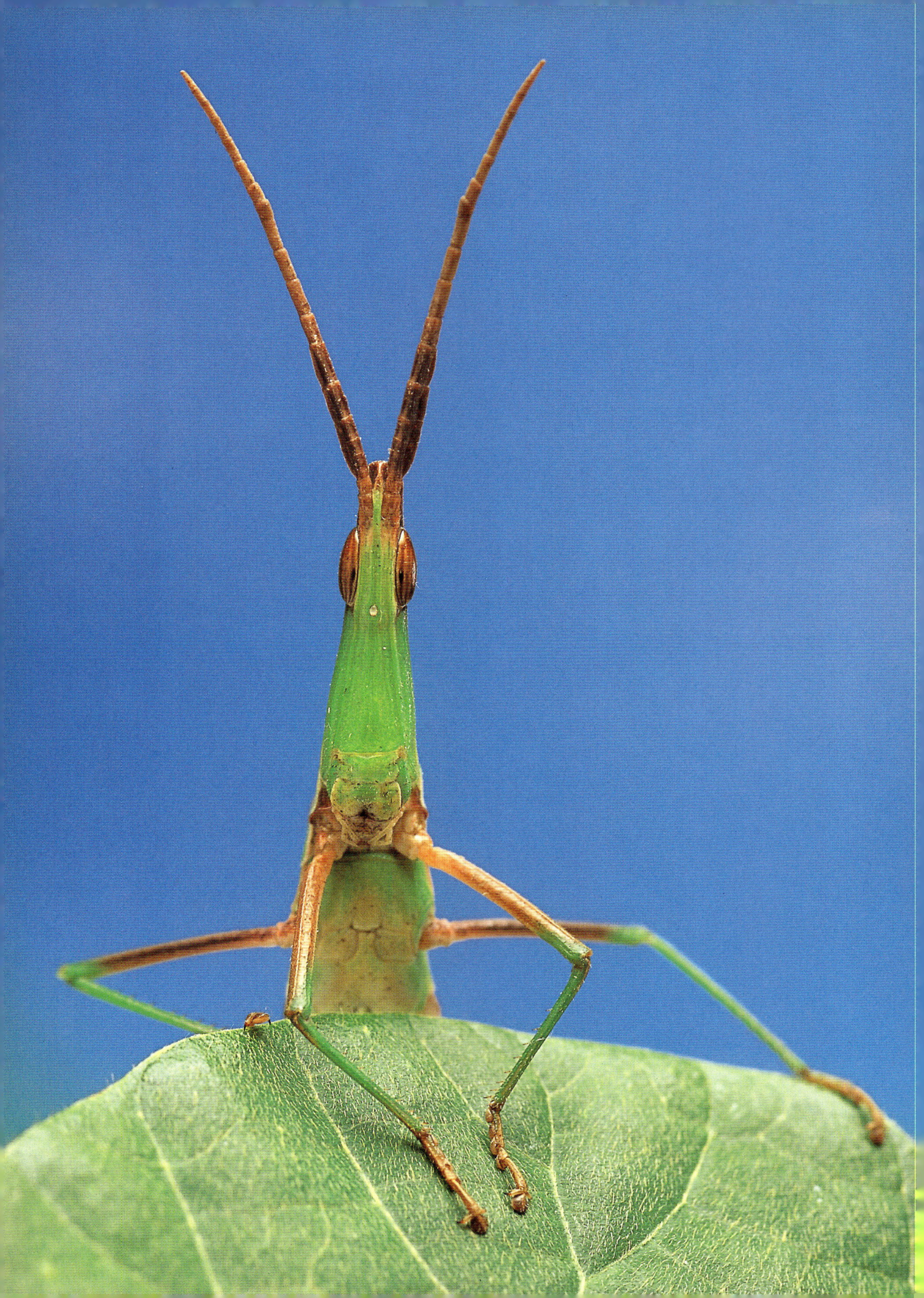

ショウリョウバッタ

Acrida cinerea（学名）　本州～八重山（分布）…♂40～50mm、♀75～80mm（体長）…田園、草原（環境）

●直翅目バッタ科

草に隠れる

ショウリョウバッタはオスとメスでずいぶん大きさが違う。メスは日本のバッタの中で体長が一番長い。ショウリョウバッタのオスはキチキチバッタと呼ばれ、飛んでいるときに翅と後ろ脚が擦り合わせてキチキチと音を立てる。

ショウリョウバッタは緑と茶色の型があり、中間の色彩のものもいる。体の細いショウリョウバッタの色は、細い葉の草の多い草地では、草に紛れてよい隠蔽色になっている。

草地では緑色のものが、枯れ野原では茶色のものが目立たないが、実際の草原は緑の植物と枯れた植物、枝などが入り交じっているから最も目立たないのは中間型である。

暖かな海岸付近に多いショウリョウバッタモドキも、かくれんぼの名手である。ショウリョウバッタモドキはバッタ類としては後ろ脚が短く、あまり活発なバッタではない。しかしそのカムフラージュは見事で、ススキの葉の縁などに体をぴたりと付けてとまると、なかなか見つけだすことができない。

ショウリョウバッタ
↑緑色型のメス。緑色の草の間で目立たない。

ショウリョウバッタ
↑茶色型のメス。枯れ草の間で目立たない。

ショウリョウバッタモドキ
←ススキの葉にとまって見事に姿を隠した。カムフラージュの名手は一般に動作はのろい。

←オスのショウリョウバッタ。細長いひょうきんな顔。誰かさんに似ていないかな。

↑オスのコバネイナゴ。顔はあまり可愛くないと思うが、イナゴのメスにとっては魅力ある男前か？

コバネイナゴ
→稲の葉を食べるので嫌われ者になってしまった。

コバネイナゴ

Oxya yezoensis（学名）　北海道〜八重山（分布）…♂16〜33mm、♀18〜40mm（体長）…田園（環境）

●直翅目バッタ科　ユーモラスなバッタ

コバネイナゴは水田に多いバッタだ。単にイナゴというとコバネイナゴをさす。他にハネナガイナゴがいて、こちらは翅が腹部より長いので区別できる。

イナゴは漢字で稲子と書く。稲から生まれたと信じられて付けられた名かもしれない。稲の葉を食い荒らすことで嫌われるが、たくさん食べるようになる頃には稲はもう十分成長しているから、最近ではさほど被害はないと思う。

昔は稲が実った頃に害虫駆除をかねてイナゴ採りが盛んだった。採ったイナゴは佃煮などにして、貴重な蛋白源となっていた。

オンブバッタはオスがメスと比べずっと小さい。交尾しようとオスがメスの上に乗っていることが多く、よく親子と間違えられる。バッタは不完全変態の昆虫で幼虫も成虫もあまり形は違わないが、幼虫には翅がない。しかし成虫でもフキバッタの仲間のように翅がない種類もいる。

オンブバッタ
←オンブバッタの緑色型のメス。茶色の型もある。

メスアカフキバッタ
↓メスが赤いのでメスアカフキバッタという名を付けられた。

ツチイナゴ
↑ツチイナゴの幼虫はひょうきんな顔つきだと思う。顔を花粉だらけにしてハイビスカスの花を食べていた。

↑小石に似た模様のカワラバッタ。草のある場所にとまることはほとんどない。

カワラバッタ

Eusphingonotus japonicus（学名）　本州〜九州（分布）…♂25〜30mm、♀40〜43mm（体長）…河原（環境）

●直翅目バッタ科

地面に似る

　直翅目の昆虫はカムフラージュの名手が多い。多くは緑の葉や枯れ葉に似るが、カワラバッタのように地面に溶け込む模様を持つものもいる。カワラバッタはその模様のパターンが小石の多い河原と似ている。そのことを知ってか、こちらの気配に驚いて飛び立っても必ず同じような場所に降りるから、発見するのも大変だ。

　ヒシバッタは上から見ると体がひし形に見えるからヒシバッタだ。どこにでもいる小さなバッタだが、極めて個体変異が多い。大体茶色か灰色で、模様も結構複雑だ。地面に溶け込む模様をしているものがほとんどだが、枯れ葉色のものもいる。

　ヒシバッタの写真をたくさん撮影してみると、いくつかのパターンに分かれるが、全く同じ色や模様のものは少なく、10匹撮影すれば10匹ともがどこかしら違っている。これは身を守るための有利さがあまり変わらないので、どれか一つに収束しなかった結果なのだろう。

ヒシバッタ
←↑様々な模様をしたヒシバッタ。緑の葉の上では目立つが、地面にとまればどの個体も姿を消してしまう、見事なカムフラージュ。

↑トゲトゲの前脚が肉食性が強い昆虫である証拠だ。

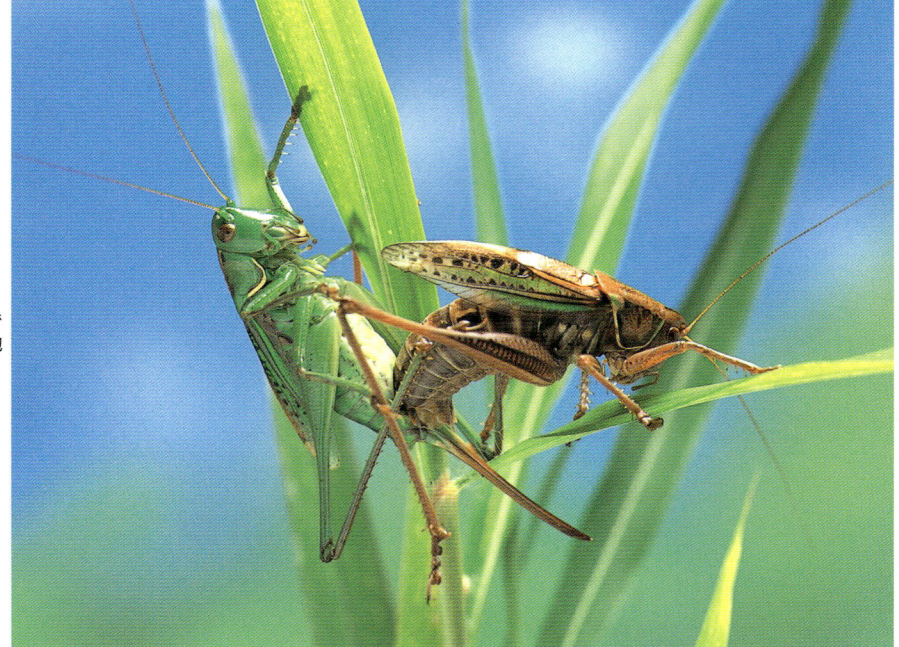

キリギリス
→キリギリスの交尾。上がオスで下がメス。このあとオスは白い泡を出す。

キリギリス

Gampsocleis buergeri（学名）　本州〜九州（分布）…約40mm（体長）…田園、草原（環境）

●直翅目キリギリス科

頑丈な体

　一般にキリギリス類は夜行性のものが多い。しかし普通のキリギリスは何故か昼間活動する。それも夏の最も暑い日中に、日の当たる草むらでチョン・ギースと盛んに鳴く。鳴くのはオスだけで、メスを呼んだり、なわばりを宣言するために鳴くのである。

　メスも発音するキリギリス類もいるが、その場合は仲間のコミュニケーションと言うよりも、外敵を脅かすための鳴き声の場合が多い。

　キリギリスはあんなに大きい声で鳴いて、よく敵に見つからないものだと思うが、緑と茶の混じった色彩は草むらでは、ほとんど目立たない。驚くとぴょんと跳ねて、そのあと草の下に潜ってしまうから、野外で鳴いている写真を撮るのもなかなか難しい。

　キリギリスは、翅はあるが短く飛ぶことはできない。太い体に長い後ろ脚を持っていて、日本のキリギリス類では最も頑丈な体つきをしている。雑食性だが、他の昆虫を捕らえて食べることも多い。メスの尻には、まるで剣のような形をした長い産卵管がある。産卵管を地面に突き立て、地中に卵を産むのである。

キリギリス
↑メスの産卵管は剣のように鋭い。

キリギリス
←横顔。考え深げな顔をしている。

キリギリス
↓オスの腹部と太い後脚。翅は腹部より短い。九州と北海道には、それぞれ翅の長い別種がいる。

キリギリス
↓オスの前翅を上から見たところ。茶色の部分を擦り合わせて音を出す。

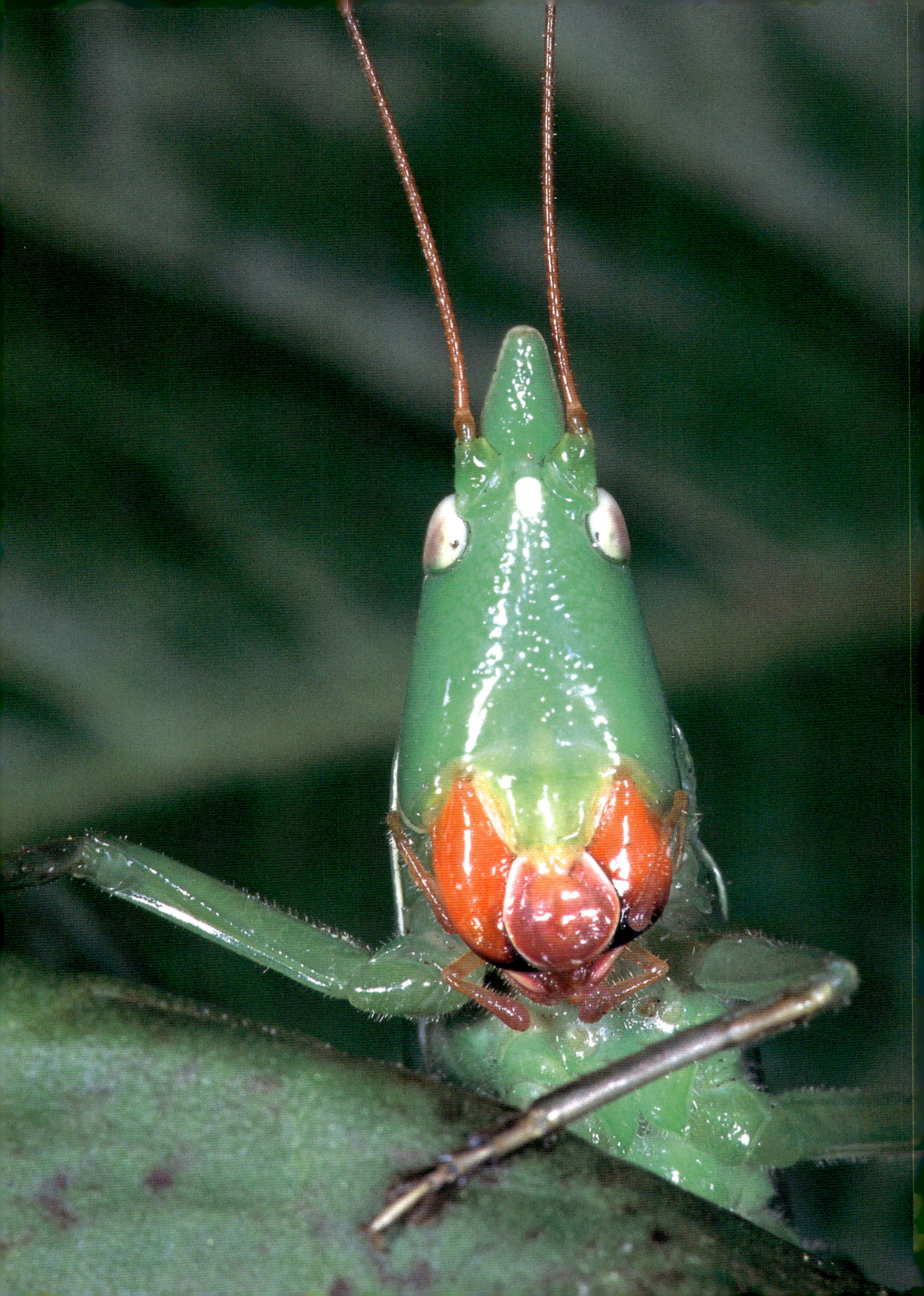

クビキリギス
Euconocephalus thunbergii（学名）　本州〜八重山（分布）…約35mm（体長）…林縁の草地など（環境）

●直翅目キリギリス科

成虫で冬を越すキリギリスの仲間

　イソップにアリとキリギリスの話がある。アリはせっせと働いているのにキリギリスは歌ってばかり。やがて冬が来て、とうとうキリギリスは死んでしまうと言う話だ。ところがキリギリスの仲間でもこのクビキリギスは成虫で越冬する変わり者だ。秋に成虫になったクビキリギスは、越冬して春に鳴き、交尾し卵を産むのである。

　クビキリギスには緑のものと茶の型がある。クビキリギスとよく似たクサキリは秋に卵を産み、冬が来る前に死んでしまう。クサキリは頭がクビキリギスほど尖っていないことで区別ができる。

　暖かい地方に多いカヤキリは、クビキリギスを二周りも大きくしたような、がっしりした体つきだ。顔はなかなかユーモラスで自分が強そうに見えることがわかるのか、触ろうとすると牙をむいてこちらを威嚇する。こういった習性は頭が大きく、大顎が発達したキリギリス類に共通する習性で、熱帯地方に種類が多い。写真家にしてみれば被写体自ら演技してくれるありがたい存在である。

クサキリ
↓茶色の型のクサキリ。ジーと連続的な高い声でなく。

クサキリ
←クビキリギスに似ているが丸い頭をしている。

カヤキリ
↓こちらをにらむカヤキリ。大きな口を開けて「寄らば噛むぞ」。

カヤキリ
↑頭を下に向けて鳴くカヤキリ。暖かい地方に多い。

←真っ赤な鋭い口のクビキリギスの顔。噛みついたら首が切れてもはなさない。

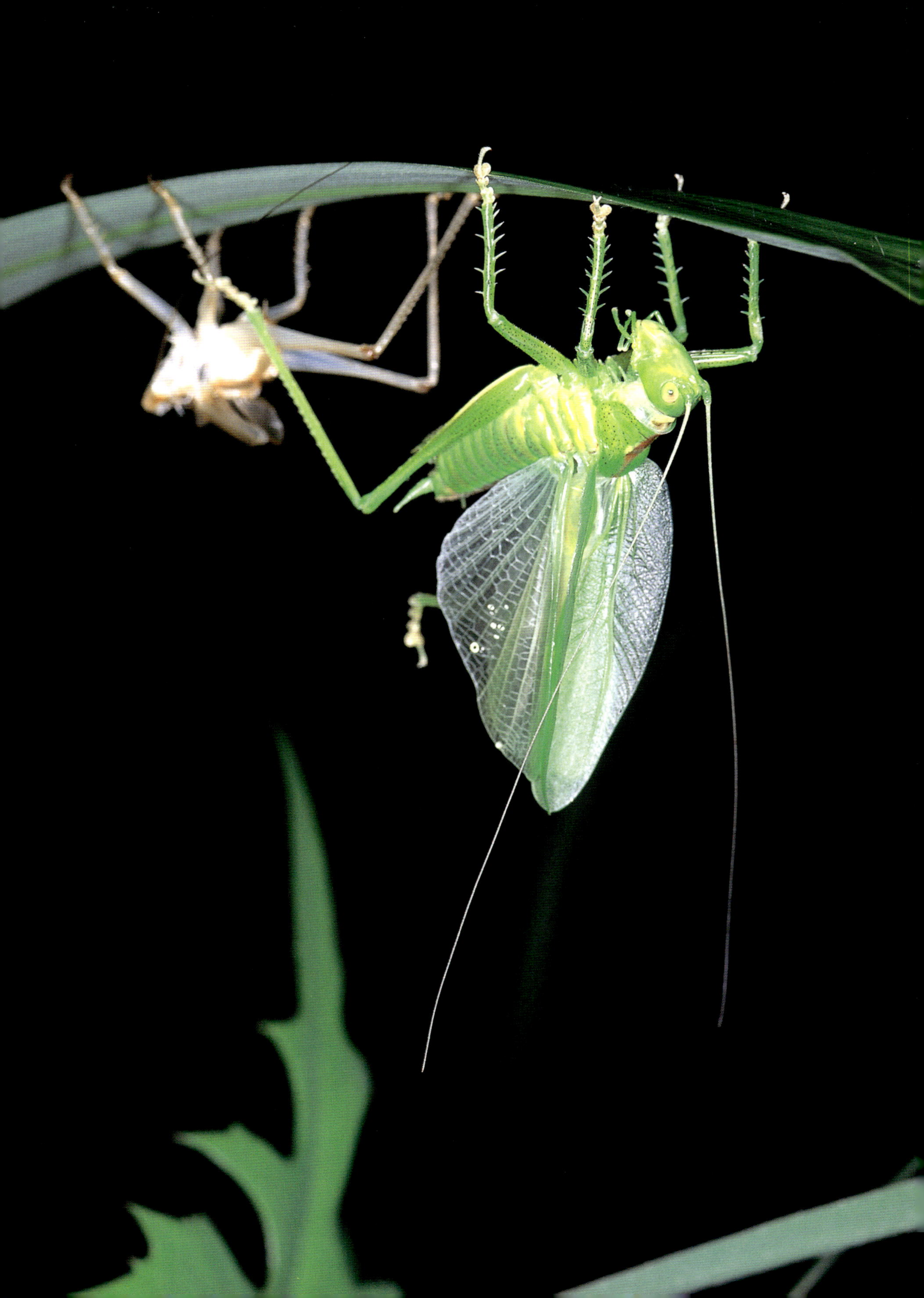

ヤブキリ

Tettigonia orientalis（学名）　北海道〜九州（分布）…30〜40mm（体長）…田園、草原（環境）

直翅目キリギリス科

草食と肉食

　ヤブキリはキリギリスとよく似ている。小さな幼虫は花粉を主な食事にしているが、キリギリスよりも肉食性が強く、少し大きくなれば他の昆虫を捕らえて食べる。成虫の食べ物はほとんど他の昆虫である。雑木林の樹液が出る場所によくいる。これは樹液をなめるためでもあるが、主たる目的は樹液に来るガなどを捕らえることだ。

　キリギリス類には肉食のものと草食のものがいる。ヤブキリやウマオイは肉食性のキリギリスの代表だ。草食性のものとしてはクツワムシやツユムシがいる。

　ツユムシの仲間は幼虫も成虫も花粉が大好きで弱々しく、おとなしいキリギリスである。クツワムシは鳴き声といい、風貌（ふうぼう）といい、一見草食性には見えない。しかしクツワムシをよく見れば頭が小さく、口も小さい。これでは昆虫を捕らえて食べるのは難しそうだとすぐわかる。

　前脚、中脚を見ても草食性か肉食性かがわかる。肉食性のキリギリスは前脚や中脚に棘（とげ）が多い。これは捕らえた獲物（えもの）をしっかりつかんで逃がさないためである。

←羽化したばかりのヤブキリのメス。翅はまだ濡れていて初々しさが漂っている。

ヤブキリ
←ガを捕らえてむしゃむしゃと食べている。

ヤブキリ
↓小さな幼虫は春先に花の上にいて、花びらや花粉を食べる。

アシグロツユムシ
←ツユムシの仲間は幼虫も成虫も花や花粉が大好きだ。

ハヤシノウマオイ
↓シィー・チョと鳴くハヤシノウマオイ。草地にいるのはハタケノウマオイ。

クツワムシ
↑ガシャガシャと大きな声で鳴いているクツワムシ。茶色の型もある。

アシグロツユムシ
↓つぶらな瞳のアシグロツユムシの顔。

↑翅を広げて口を大きく開きこちらを威嚇している。コロギスは3個の単眼がよく目立つ。

コロギス
←コロギスは肉食だ。捕らえたガを食べている。

コロギス

Prosopogryllacris japonica（学名）　本州〜沖縄（分布）…約30mm（体長）…雑木林（環境）

● 直翅目コロギス科

隠れ家を作る特異な能力

コロギスはコオロギとキリギリスの中間のような形態をしているので、コロギスと名付けられた。

コロギスが他のキリギリス類と全く異なるのは、口から糸を出して葉を綴り、隠れ家を作る特異な能力を持っていることである。鱗翅類の幼虫など幼虫が糸を出す昆虫は極めて多いが、成虫が糸を出す昆虫はほとんどいない。

コロギスは完全な夜行性で、幼虫も成虫も昼間は葉でできた隠れ家の中で過ごす。夜になると巣から出て、葉の上を徘徊し他の昆虫を見つけると襲いかかって食べてしまう。

またコロギスは外敵に出会うと翅を広げ、大顎を振りかざして威嚇する。実際、獲物の昆虫を切り裂くための大顎は鋭く、噛みつかれたら血が出るほどであるから、この威嚇は迫力満点である。

コロギスによく似たハネナシコロギスは、雑木林に生息する小型の昆虫で、成虫になっても翅を持たないのがコロギスと異なる。ハネナシコロギスはコロギスと比べるとおとなしく、威嚇をすることもあまりない。

コロギス
←自分で口から糸を出して葉を縫い合わせて巣を作る特殊技能の持ち主だ。

ハネナシコロギス
↑ハネナシコロギスが産卵している。翅のない小型のコロギスで林に生息している。

コロギス
↓口から糸を出して葉を綴り合わせているところだ。

↑巣穴から顔を出したオスのエンマコオロギ。閻魔大王の顔のように見えるだろうか。

エンマコオロギ
→アブの死骸を食べるメス。エンマコオロギは雑食だ。

エンマコオロギ

Teleogryllus emma（学名）　北海道〜九州（分布）…26〜32mm（体長）…田園、草原（環境）

●直翅目コオロギ科

鳴き声で愛を語る

　エンマコオロギは顔がエンマ様のようだというので付けられた名だ。年1回、8月末からコロコロリーと哀愁を込めた声で鳴き出す。エンマコオロギは鳴き声を変えることで、仲間とコミュニケーションする。

　コロコロリーはメスを誘う鳴き方で、オスのコオロギが巣穴の近くにやってきたメスを誘う鳴き声だ。コロコロコロと連続的に鳴くのは、なわばりを宣言したり、メスを呼び寄せるための鳴き方だ。オス同士が出会うとキリキリキリッと鋭い声を出す。これは喧嘩鳴きと呼ばれる。

　たいていのコオロギは夏の終わりに成虫になる。鳴くのはオスだけで、種類によって、鳴き方や棲んでいる場所が異なる。

　アリの巣の中には、翅が退化した小さなアリヅカコオロギが住んでいることがある。このコオロギはアリの巣の中でだけ見つかる変わったコオロギだ。

　アリヅカコオロギがアリの巣の中で何をしているのかはわからないが、アリはアリヅカコオロギを襲うことがないから、アリにとっても何か良いことがあるのかもしれない。

アリヅカコオロギ
↑トビイロケアリの巣の中にいたアリヅカコオロギ。白っぽい色をしている。

タンボオカメコオロギ
↓オカメコオロギには田んぼに多いタンボオカメ、草原に多いハラオカメ、森に多いモリオカメの3種がいる。

ツヅレサセコオロギ
↑玄関などに入り込み秋遅くまで鳴くツヅレサセコオロギ。

ミツカドコオロギ
←オスの頭は三角形で扁平。おかしな顔をしたコオロギだ。オス同士はこの平たい頭で押し合って喧嘩する。

ハラオカメコオロギ
↑鳴いているオス。原っぱに多いのでハラオカメコオロギと呼ばれる。

↑翅を立てて鳴いているオス。スズムシの発音の仕組みはバイオリンなどの弦楽器とそっくりだ。

スズムシ

Meloimorpha japonica（学名）　本州〜九州（分布）…約17mm（体長）…草原（環境）

● 直翅目スズムシ科

昔から飼育されてきた美声の持ち主

スズムシのリーンリーンという声は涼しげで心地よい。スズムシは昔からその声を楽しむために飼育されてきた。古くは平安時代に貴族たちが虫かごに入れ、声を楽しんでいたという。江戸時代の元禄年間には、東京神田で八百屋をやっていた忠蔵という人がスズムシの大量飼育に成功し、人気を博したという。野外では8月末から鳴き出すが、飼育のものは6月頃から出回っている。

美しい声で鳴くのはオスだけで、前翅を立てて翅を擦り合わせて鳴く。スズムシは右翅が左翅の上に重なっている。左翅の表面には摩擦片と呼ばれる突起があり、これで右翅の裏にあるやすりを擦り合わせて音を出す。

スズムシは鳴くときに翅を立てるが、この時に翅と胴の間にできる空間が共鳴室となり、音を大きくして聞こえるようにする役目をする。この音を出す仕組みはバイオリンなどの弦楽器の仕組みと似ている。

スズムシが鳴くのは他のコオロギ同様にメスを呼ぶためである。だから声を楽しむためにはオスだけ別にして飼う。するとオスはメスを呼ぼうと必死になって鳴くというわけだ。

スズムシ
↑前脚にある小さな窪みが音を聞くための耳である。

スズムシ
←左翅の表面。真ん中の左から右に走る太いスジには細かい縦線が入っている。これがやすりである。

スズムシ
↑鳴いているオスを後ろから見たところだ。

スズムシ
←腹端には2本の微毛がある。メスは真ん中に長い産卵管を持つ。

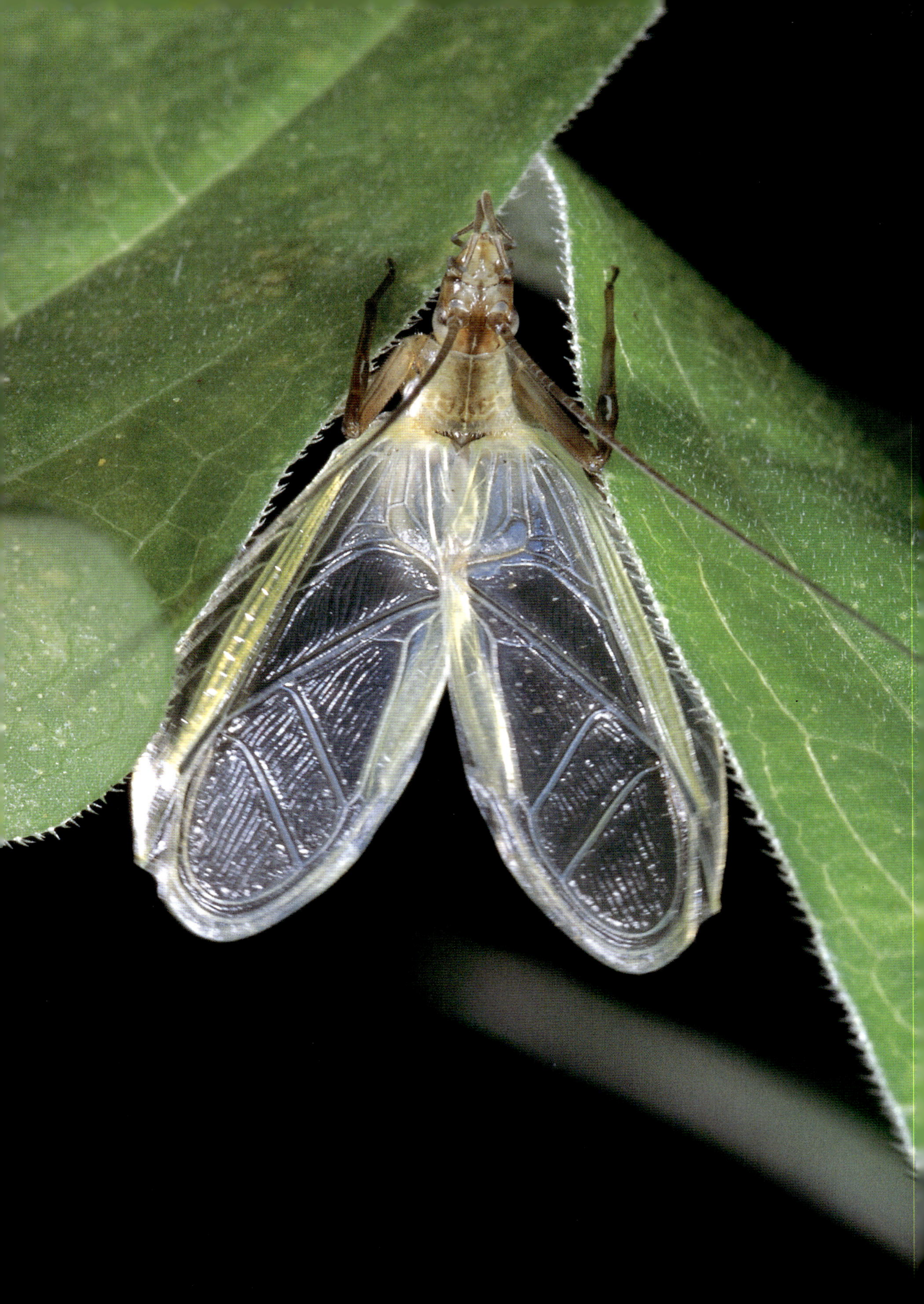

カンタン

Oecanthus indicus（学名）　北海道〜八重山（分布）…約30mm（体長）…林縁の草地など（環境）

秋の夜のバイオリン弾きたち

●直翅目カンタン科

　鳴く虫の中で最も美しい声の持ち主はといえば、カンタンをあげる人が多いだろう。カンタンは小さいが良く通る声でルルルルル・・・と鳴く。遠くからきいても、すぐ近くできいても音の大きさがあまり違わないように感じられる不思議な声だ。秋になると、鳴く虫の女王と称されるカンタンの声を聞く会が各地で開かれる。

　カンタンはコオロギの仲間である。一般のコオロギが黒っぽい色をしているのに対し、カンタンは白っぽい。カンタンに限らず草の上や木の上に住むコオロギの仲間は色が薄く、保護色になっている。

　マツムシは関東地方から南の河川の河原や海岸の近くに多いコオロギの仲間で、スズムシと共に古くから親しまれていた。

　飼育が難しいので手に入れるのは難しく希少価値があった。しかし野外ではむしろスズムシより個体数は多い気がする。

　都会に過ごしていて秋を感じる鳴く虫といえば、アオマツムシとカネタタキをあげることができる。アオマツムシは帰化昆虫であるが、都会の並木に多く、8月末になるとリューリューというかなり大きな声で鳴く。カネタタキはとても小さいので、姿を見るのは至難(しなん)であるが、ビルの植え込みの灌木(かんぼく)にいくらでもいる。チッチッチッと小さい声で鳴く。

アオマツムシ
↑都会の鳴く虫の代表。8月末から10月に桜並木に多い。

クサヒバリ
←木の上でリー…と震えるような響く声でなくクサヒバリのオス。

マツムシ
↓チンチロリンととてもよい声でなくマツムシ。

カネタタキ
→都会の植え込みに多いカネタタキ。オスは短い翅を立ててチ・チ・チと鳴く。メスには翅がない。

←重なり合った葉の隙間から顔を出して鳴くカンタンのオス。ルルルルル…とよく響くよい声で鳴く。

131

↑ケラの前脚は大きく平たく土を掘るのに適した形になっている。顔が胸より小さく、流線型の胴は穴を掘り進むのに適した体つきだ。

ケラ
↑ケラは万能運動選手。田の水の中を泳ぐケラ。

ケラ

Gryllotalpa fossor（学名）　北海道～八重山（分布）…約30mm（体長）…田園（環境）

直翅目ケラ科
水陸両用のスーパースター

　ケラは田んぼの近くに多く、地中でジーと鳴く。ミミズが鳴くという話があるが、これはケラの声を間違えたものだ。

　ケラの前脚はモグラの手のような形をしていて、土を掘るのに便利にできている。ケラは地中にトンネルを掘って暮らしている。トンネルの中でケラは前進も後退も自由自在だ。しかしトンネルは細いので、そのままではUターンはできない。そのためかトンネルは枝分かれしている。向きを変えるときは、そこにおしりを入れて方向を変える。スイッチバックのような手法をとるわけだ。

　ケラは地中でミミズなどの生き物や小さな昆虫を食べて生活している。見かけは鈍重（どんちょう）そうなケラであるが、運動能力はなかなかのものがある。土を掘るのは得意中の得意であるが、トンネルの内部でも外へ出ても、歩くのもなかなか速い。田んぼでは泳いでいるケラを見ることがあるが、泳ぎも得意な昆虫である。また大きな翅（はね）を持っていて、長距離を移動することもできる。人間の作った機械でこの全てをできる物は無い。

ケラ
↑前脚で土を両側にかきながら地中を穴を掘って進むケラ。

ケラ
←ケラの坑道の様子。穴は枝分かれし、Uターンするのに便利な構造になっている。

↑稲穂の上にはよくオオカマキリがいる。これはその季節、水田にイナゴやアカトンボが多いからだ。アカトンボを頭からバリバリと食べる。

オオカマキリ
←オオカマキリの目は夜になると黒くなる。夜にネコの目の瞳孔が開くのと同じで、暗いところでもある程度見えるようになるらしい。

オオカマキリ

Tenodera aridifolia（学名）　北海道〜九州（分布）…♂68〜90mm、♀75〜95mm（体長）…草地、林の周辺（環境）

命がけの交尾

●カマキリ目カマキリ科

カマキリのような肉食の昆虫のオスは、迂闊にメスに近づけば食べられてしまうこともある。だから交尾は慎重に時と場所を選ばねばならない。そうかといってメスだって交尾しなければ子孫を残せない。カマキリの仲間には、交尾の必要があるメスが匂いを出してオスを呼び寄せる種もあるようだ。ハラビロカマキリのように、交尾しながらオスが食べられてしまう確率の強い種もいる。交尾中のオスはたとえ食べられてもメスと離れることはなく、死をかけてオスとしての役目を果たすのだからすごいと思う。

オオカマキリはオスもメスも目立つ場所に出て、自分の存在を意識させながら徐々に近づき交尾する場合が多い。だからオスが食べられることは稀である。けれどそれでも食べられているオスも見かけることもある。

カマキリは大変に目がよい。前を向いた二つの目は相手との距離を測るのに最適である。二つのレンズで物を立体的に見るには、二つのレンズの間隔の50倍以内が特に立体的に見えるらしい。ちなみに人間の目の間隔は8cmほどであるから、4m以内の距離にある物が立体的に見えるということになる。カマキリの場合、目の中心の距離は4mmほどであるから20cm以内の物が立体的に見えることになるだろう。カマキリが餌を採るときは20cmぐらいから徐々に近づき、鎌の届くところに来たときに正確に鎌を繰り出す。その速度は速く1/20秒程度であるといわれる。

オオカマキリ
↓時にはオスはメスに食べられてしまう。

オオカマキリ
↑交尾するオオカマキリ。メスの方がずっと大きい。

オオカマキリ
↓産卵しているところ。卵は泡に包まれ、冬の乾燥から守られる。

オオカマキリ
↑樹液のところにやってきたクロスズメバチに威嚇姿勢をとる。

↑前脚の付け根は細くなっていて、頭は脚の間にすっぽりと収まってしまう。

ナナフシ
↑枯れ枝そっくりの茶色型のナナフシ。

エダナナフシ

Pharaortes illepidus（学名）　本州〜九州（分布）…♂65〜82mm、♀82〜112mm（体長）…林の周辺（環境）

●ナナフシ目ナナフシ科
枝に似て身を守る

　ナナフシのことを英語でウォーキング・スティックと呼ぶ。直訳すれば歩く枝ということになる。ナナフシは枝にそっくりになることで、捕食者から身を守る手段を獲得した昆虫だ。昼間はじっと枝になりきってほとんど動かないが、夜になると活動をはじめ、木の葉を食べる。

　ナナフシの静止姿勢は前脚をピンと前に伸ばす。前脚の付け根は細くてくぼんでいる。2本の前脚を伸ばすと、付け根にちょうど頭がすっぽりと収まるくぼみができる。だからナナフシは、前脚を2本揃えて前に出すことができるのだ。

　翅のあるナナフシの仲間もいて、トビナナフシと呼ばれる。本州ではトビナナフシは夏の終わりに成虫になり、晩秋まで見られる。西表島で比較的最近見つかったツダナナフシは、オーストラリアなどに分布する、ペパーミントスティックとよばれるナナフシの仲間だ。その名の通り、触るとハッカの匂いのする液を吹きかける。この液を舐めると本当にハッカのような味がする。目に入ったりすると痛いから、外敵に対する防御手段だろう。海岸に多いアダンという葉の厚い植物を食べる。ツダナナフシは恐らくは卵が海流に乗って海を渡り、あちこちの島々に住み着いたのかもしれない。

コブナナフシ
↑短い体のコブナナフシが交尾している。

ツダナナフシ
↑西表島に棲むツダナナフシはつかむとハッカのような匂いのする液を噴射する。

トビナナフシ
←トビナナフシは秋口に成虫となる。翅があって少しは飛ぶことができる。

エダナナフシ
↑ナナフシ類の卵は小さな木の実のようだ。

エダナナフシ
→エダナナフシはナナフシと比べ触角が長いのが特徴だ。

↑両側に突き出た大きな目玉はイトトンボ類、特にモノサシトンボの特徴だ。

モノサシトンボ
←オスメスがつながったまま産卵しているところだ。

モノサシトンボ

Copera annulata（学名）　北海道〜九州（分布）…♂31〜39mm、♀32〜38mm（体長）…平地〜丘陵地の水草の多い池沼（環境）

●トンボ目モノサシトンボ科

ハート形の交尾

　イトトンボの仲間は小型で弱々しく見えるが、他のトンボ同様肉食だ。草むらで草に体当たりして飛び出す小さな昆虫を捕食したり、小型のクモ類を主なエサにするものもいる。共食いの習性のある種もいて、むしろ一般のトンボより獰猛と言える。

　オツネントンボは夏の終わりに羽化し、成虫で冬を越すトンボだ。あんなか細いオツネントンボが、翌年の5月まで生きるのだからすごい生命力だ。

　トンボの交尾は他の昆虫と少々異なっている。オスのトンボは腹を曲げて、自分の胸にある副交尾器と呼ばれる器官に、腹の先端をあてがい精子をためる。

　交尾の時は腹部先端の把握器でメスの首をつかむ。するとメスは腹部を曲げ、オスの副交尾器にあてがう。これが交尾の姿勢である。イトトンボの仲間は腹部が著しく長く、そのため交尾中の2匹のトンボのシルエットはハート形に見える。ほとんどのイトトンボは、産卵もオスとメスが繋がったまま行う。その時はオスがまっすぐ棒立ちになるような面白い形になる種類が多い。

オツネントンボ
↑成虫で冬越ししたオツネントンボは春先、池に集まって産卵する。

ルリイトトンボ
←ルリイトトンボの交尾。信州の高原の池でよく見かける美しいイトトンボ。

アジアイトトンボ
↑都会でも見られる最も普通のイトトンボだ。

キイトトンボ
←腹がやや太めの美しい黄色のイトトンボ。水草の多い湿地や池に生息する。

139

↑小型のハエを捕食しているカワトンボ。大きな目は餌をとるときにその能力が発揮されるのだろう。

ハグロトンボ
→用水路でハグロトンボが産卵している。水中の植物に卵を産み込む。

カワトンボ

Mnais pruinosa（学名）　北海道〜九州（分布）…♂37〜50mm、♀32〜44mm（体長）…平地〜山地の緩流、渓流の周辺（環境）

トンボ目カワトンボ科

初夏のトンボ

　大型のイトトンボと言った風貌（ふうぼう）のカワトンボの仲間は、5月から6月に渓流に現れる。カワトンボには翅（はね）の色にいくつかの型があり、オレンジ色の美しいものもいる。日本にはヒガシカワトンボ、ニシカワトンボ、オオカワトンボが生息する。これらの種は全て別種とされる場合もある。

　ミヤマカワトンボはカワトンボより少し遅れて発生し、8月まで見られる。ミヤマカワトンボはメスが水中に潜水し、水底近くの植物組織などに産卵することで有名だ。カワトンボの仲間やイトトンボの仲間には潜水産卵するものは結構多い。

　アオハダトンボは流れの緩（ゆる）い綺麗（きれい）な水辺に生息する。主に6月に発生する美しいトンボだ。アオハダトンボにそっくりなハグロトンボは夏のトンボで、アオハダトンボと入れ替わりに現れ、9月まで見られる。沖縄のヤンバルに生息するリュウキュウハグロトンボは、樹林の中の細い流れに生息する沖縄特産種である。

リュウキュウハグロトンボ
←沖縄特産の美しいハグロトンボ。ヤンバルの樹林の中を流れる細い流れに生息している。

ミヤマカワトンボ
↑虫を捕らえて食べるミヤマカワトンボは5月から7月に多い。

アオハダトンボ
←アオハダトンボは水のきれいな流れに生息する美しいトンボだ。

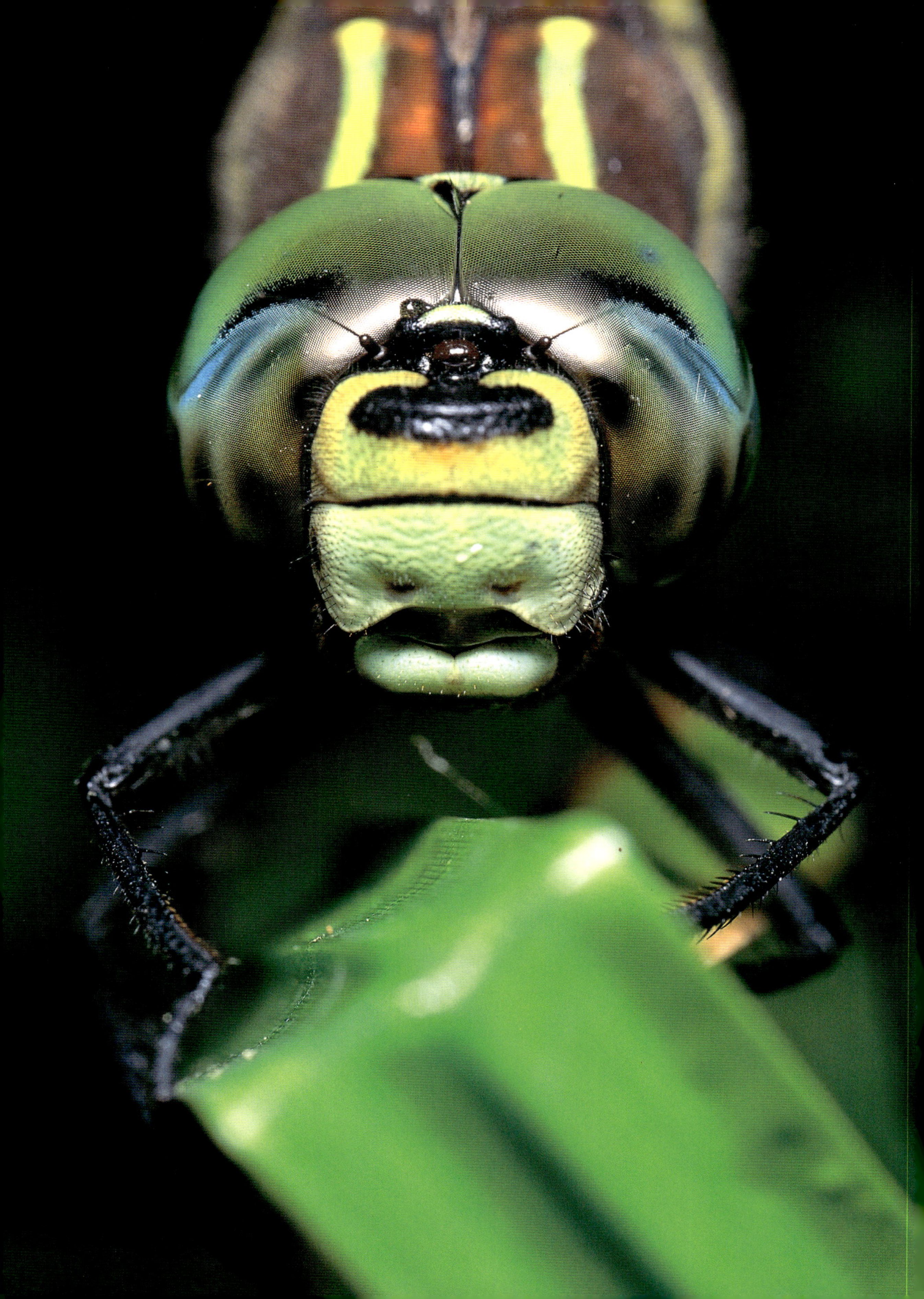

ルリボシヤンマ

Aeschna juncea（学名）　北海道〜四国（分布）…♂49〜58mm、♀48〜58mm（体長）…山地の湿原など（環境）

●トンボ目ヤンマ科

トンボの目玉は水色メガネ

　確か「トンボの目玉は水色メガネ・・・」という歌詞の歌があったように思う。トンボは目が大きいからメガネをかけているようにも見える。水色メガネと歌われたトンボはいったい何トンボなのだろうか。

　トンボは飛ぶのが上手で4枚の翅を自在に動かして、空中で静止もできれば、急旋回もできる。ヘリコプターの動きと似ているが、ぶつかっても壊れたりしないから、人間の作った飛行機械と比べれば遙かに優れものである。

　トンボの目をよく見ると、ミツバチの巣箱の板のように、小さな6角形がたくさん集まってできていることがわかる。実はこの一つ一つにレンズがついている。トンボの目は1万個もの個眼と呼ばれる目が集まってできているのである。ある時、ホバリングしているルリボシヤンマと目があった。何とその目玉は綺麗な水色である。

　トンボがどんな風に世界を見ているのかは、トンボにならなければわからない。でも少なくとも物が1万個に見えるわけではない。私たちだって目は2つあるが、ものが2つに見えるわけではない。2つの目はものを立体としてとらえたり、距離を測るのに利用される。だからトンボの眼は多分、私たちよりも距離感や立体感に優れたものだろう。空中で一瞬にして虫を捕まえるのもトンボにとったら何でもないのかもしれない。

オニヤンマ
↑オニヤンマの目を拡大撮影した。

トラフトンボ
→トラフトンボは初夏にでる比較的珍しいトンボだ。

アキアカネ
↑アキアカネの目を拡大すると、個眼は6角形をした筒に入っていることがわかる。

ギンヤンマ
→ギンヤンマの複眼はあまり模様が目立たない。

←トンボの目玉は水色メガネの歌がよく似合いそうなルリボシヤンマ。

↑アブラゼミの顔をこうして上から拡大してみると、迫力満点。真ん中の3つの点は単眼である。

アブラゼミ
↑さくらの木にとまって鳴いているところだ。

アブラゼミ

Graptopsaltria nigrofuscata（学名）　北海道〜九州（分布）…32〜40mm（体長）…平地、市街地の樹林、山林、ナシ園（環境）

●半翅目セミ科

鳴き声で仲間を集める

セミのオスのお腹の中には、発音筋と呼ばれる太い筋肉がある。この筋肉を伸び縮みさせて発音板を上下させて音を出す。胸には共鳴室というがらんどうの空間があって、そこでセミは音を拡大する。

鳴いているセミを見ると、翅を少し開いて腹部を伸び縮みさせているのがわかる。腹部を伸び縮みさせることで抑揚を付けているようだ。セミが鳴くのは仲間に自分の存在を知らせるためだ。セミは仲間の泣き声でオスもメスも集まる習性がある。都会などでは生活に好適な木があり、土がある場所は少ないので、良い場所には驚くほど多くのセミが集まってくる。

都会で一番多く見られるセミは東京ではアブラゼミとミンミンゼミだが、大阪ではアブラゼミとクマゼミ、九州に行くと圧倒的にクマゼミが多い。福岡にはクマゼミがたくさん集まる並木があり、一本の木に何十匹ものクマゼミが集まり鳴くのは壮観だ。

セミの食べ物は木の汁だ。セミの口は針のように尖っているが、外から見える口吻を直接木にさすのではない。口吻の中にさらに細い針があって、それを木に突き刺して汁を吸う。

エゾゼミ
←低山地に多いエゾゼミは見かけより可愛い顔をしているように思う。

ヒグラシ
↓ヒグラシは夕方活動するセミのせいか、複眼が他のセミより大きいように思える。

145

↑桜並木で羽化したミンミンゼミ。上半身を殻から抜き脚が固まるのを待っているところだ。

ミンミンゼミ

Oncotympana maculaticollis（学名）　北海道〜九州（分布）…31〜36mm（体長）…平地から山地の林、都市の公園など（環境）

●半翅目セミ科

変身

　セミは幼虫期間が極めて長く、その割りに成虫の寿命は短い。セミの寿命は1週間ぐらいと思われがちだが、だいたい3週間は生きる。といっても幼虫期間はアブラゼミなどでは5年もあるから、やはり成虫の寿命ははかないといえる。

　セミの卵は木の枝や幹に産み込まれる。ミンミンゼミやアブラゼミの卵は翌年の梅雨の頃に孵る。孵化した幼虫は地面に潜り、木の根にとりつき、根から汁を吸って成長する。羽化が間近になったセミの幼虫は、地面に穴をあけ地上の様子をうかがいながら数日過ごす。

　羽化の日、日が暮れた頃に穴からはい出した幼虫は木に登り、しっかりした足場を見つける。体を揺すってツメを木にしっかりと立てると動かなくなる。30分ほどで背中の皮がわれ、いよいよ羽化の開始だ。反り返るように出てきたセミは逆立ちしたような形になると、また30分ほど休む。これは脚が固まるのを待っているのだ。

　やがて突然起きあがると、殻にとまり腹部を幼虫時代の殻から完全に抜く。すると今まで縮んでいた翅があっという間に伸びてくる。羽化したてのセミはほとんどの種類は翅が真っ白で美しい。

ニイニイゼミ
↓ニイニイゼミの抜け殻には常に土が付いている。

クマゼミ
↓羽化直後のクマゼミ。ミンミンゼミなどと比べ、翅に対して体が大きい。

ハルゼミ
↓羽化したばかりのハルゼミはまさに春の妖精といった風情がある。

ミンミンゼミ
↑透き通るような美しい翅と体。羽化した直後のミンミンゼミはいつ見てもきれいだなと思う。

チッチゼミ
←本州で一番小さなチッチゼミが羽化したところ。

ミンミンゼミ
↑木の上でミンミンゼミが交尾していた。セミはオスがメスを呼ぶ。

147

↑頭に一方通行のような矢印マークのあるツマグロオオヨコバイ。

クロヒラタヨコバイ
←木の葉の上によくとまっている小さな虫。どちらが頭かよく見ないとわからない。

ミミズク
←胸にフクロウの耳のような突起があるのでミミズクという名が付いたのであろう。

ツマグロオオヨコバイ

Bothrogonia ferruginea（学名）　本州〜八重山（分布）…約13mm（体長）…林縁部（環境）

●半翅目オオヨコバイ科

小さなセミ

　ツマグロオオヨコバイは都会でも、イタドリなどの葉に普通に見られるかわいらしい昆虫だ。ヨコバイというのはこの虫の仲間は横に歩く習性があるからだ。

　ツマグロオオヨコバイはセミの仲間だ。半翅目の同翅亜目の昆虫で、アブラムシ、ツノゼミ、ヨコバイなどがこの仲間に属する。同翅亜目の昆虫は植物の汁を吸って生活している。セミのように音でコミュニケーションしているものもしられるが、セミを除き、人間の耳に聞こえるような声で鳴くものはほとんどいない。

　雪虫は晩秋に、まるで雪が降るように飛んでくるので雪虫と呼ばれる。雪虫と呼ばれる昆虫は何種類かいるようだが、全て半翅目の昆虫のようだ。半翅目の昆虫は体から蠟のような物を出すことができる。それで雪虫は白くてふわふわして見えるのである。

　セミの仲間は植物にとっては寄生虫のような物でいやな存在だ。けれどセミの仲間が付くことで、植物が枯れることはあまりない。というのは、枯らすまで吸い尽くせば汁を吸っている昆虫そのものも生きていくことができないからだ。

雪虫（ワタムシ）
↑雪の降る頃にふわふわと舞うユキムシと呼ばれるアブラムシの仲間。

トビイロツノゼミ
↓コナラの木によくいるツノゼミ。幼虫にはアリが集まる。

ナシグンバイ
↓グンバイ虫は相撲で行司が使うグンバイによく似た形の昆虫だ。

ベニキジラミ
↓3mmほどの小さいが美しい昆虫だ。拡大すればセミにそっくりな体つきをしている。

149

↑カメムシの仲間も正面から見るとずいぶんと恐そうな顔をしている。

シマサシガメ
↑他の昆虫を捕らえて体液を吸う幼虫。鈍重そうに見えるが素早く捕まえる。

アオクチブトカメムシ
→幼虫が太い口を毛虫に突きさして食べている。大きかったらさぞかし恐いだろう。

アオクチブトカメムシ

Dinorhynchus dybowskyi（学名）　北海道〜九州（分布）…18〜23mm（体長）…雑木林など（環境）

●半翅目カメムシ科

くさいにおいで身を守る？

　カメムシの仲間は半翅目異翅亜目の昆虫である。同翅亜目のセミの仲間は、成虫と幼虫とは異なる生活パターンを持つものが多いが、カメムシは幼虫も成虫もほとんど変わらない生活をしている。

　カメムシ科のカメムシのほとんどの種類は植物から汁を吸うが、クチブトカメムシのように他の昆虫を襲って、その体液を吸うものがいる。サシガメ科のカメムシは昆虫や動物の体液を吸う種がほとんどだ。俗にナンキンムシと呼ばれるトコジラミなどもサシガメに近い仲間である。

　カメムシの仲間は集団で暮らすものが多い。カメムシは触るとくさい臭いを出すが、この臭いは外敵を追い払うこともあるが、仲間のコミュニケーションの手段としても使われる。その匂いをかいで仲間が集まったり、また危険を察して集団が離散したりするのである。

　カメムシの中には卵を保護する種類も多い。ツノカメムシやキンカメムシの仲間のメスは卵の上に覆い被さるようにして、卵が孵化するまで守る。外敵が近づくとくさい臭いを出したり、翅を震わせたりして敵を追い払おうとする種が多い。

エゾアオカメムシ
↓草の茎から汁を吸っているところ。口はセミと同じように鋭い。

アカスジカメムシ
←セリ科植物の花や実に集まる美しいカメムシ。

アカスジキンカメムシ
↑よく見かけるカメムシの中では最も美しいものの一つだろう。

ヒメツノカメムシ
←孵化したばかりの子供を守っている母親。

151

↑魚を待ち伏せて捕らえたタガメ。鋭いカマのような前脚はカエルさえも捕らえる。口は短いが鋭く太い。

タガメ
↑メスと交尾して、産卵を見守るオス。この後も卵が孵化するまで守る。

タガメ
→やっと卵が孵化した。孵化は一斉に起こる。

タガメ

Lethocerus deyrollei（学名）　本州〜沖縄（分布）…48〜65mm（体長）…水のきれいな小川や用水路などの水際（環境）

半翅目コオイムシ科　卵を守るオス

タガメやコオイムシは水中に生息するカメムシの仲間である。水性カメムシ類は腹端に呼吸管を出し獲物を待ち伏せる。タガメはカエルや魚を捕らえ、その体液を吸う。コオイムシは貝類や小型の水性昆虫を捕らえて汁を吸う。

コオイムシは背中に卵を背負っているので子負い虫だ。背中に卵を背負って子守をしているのはメスではなくオスである。

オオコオイムシでは、メスがオスの背中に卵を一つ産むたびに交尾する。例えば80個の卵を背負っているオスは80回交尾したのである。オスは水面に卵を出して酸素を与えたり、卵が孵化するまで世話をする。

タガメのオスはメスの産卵に都合のよい水の上に突き出た杭などにとまり、そこに来たメスと交尾する。卵を産んだメスは去ってしまうが、オスはその場に留まり卵を守る。コオイムシ同様にオスが卵を守るのである。

他のタガメのメスは、卵を守っているオスを発見すると攻撃し、その卵を破壊してしまう。卵を破壊されたオスは、そのメスと交尾し、そのメスの産んだ新しい卵塊を守るのである。

コオイムシ
↑孵化した幼虫を1匹1匹水に落としてやるオス。

コオイムシ
→オスの背中に卵を産みつけているメス。

タイコウチ
←卵から孵化してくるタイコウチの幼虫は赤い色をしている。

タイコウチ
↓タイコウチの頭部。口はタガメ同様に鋭い。こんな口でぐさりとやられたらたまらない。

↑水面に落ちたガに鋭い口を刺して体液を吸うコオイムシ。目玉はとても大きく水中も水面も見ることができそうだ。

マツモムシ
→水面から一気に空中へ。こんな離れ業をどこで獲得したのだろうか。

マツモムシ

Notonecta triguttata（学名）　北海道〜九州（分布）…11〜14mm（体長）…池や沼などの止水域（環境）

●半翅目マツモムシ科

背泳ぎの名人

雨が降って水たまりができれば、どこからともなくアメンボが現れる。水中に生息する昆虫は飛びそうには思えないものも多いが、その多くは飛ぶことのできる翅（はね）を持っていて、好適な環境を求めて移動する。

ミズカマキリは冬の間は水草などの多い池で、集団で越冬（えっとう）する。田に水が入るころになると、田んぼにもやってくる。ヤゴなどエサが豊富だからだ。

マツモムシもミズカマキリも田に水が入る初夏と、水を落とす秋がよく飛ぶ季節である。

ミズカマキリは石の上などに上り、日光浴して体を乾かさないと飛べないが、水から直接飛び立つマツモムシの飛行技術は何度見ても感心する。マツモムシは腹を上にして水面にぶら下がるような姿勢で泳いでいる。普段は水面に落ちた昆虫を捕まえて食べている。

マツモムシが飛び立つ時は、体を反転させ、背中を上にして水面に浮かぶ。翅を開き、足で水面をけって、すごい勢いで空中に飛び出す。

ミズカマキリ
↑水中に棲む昆虫の多くは、実は空を飛ぶのも得意だ。

オオアメンボ
←大きなアメンボできれいな流れに棲んでいる。

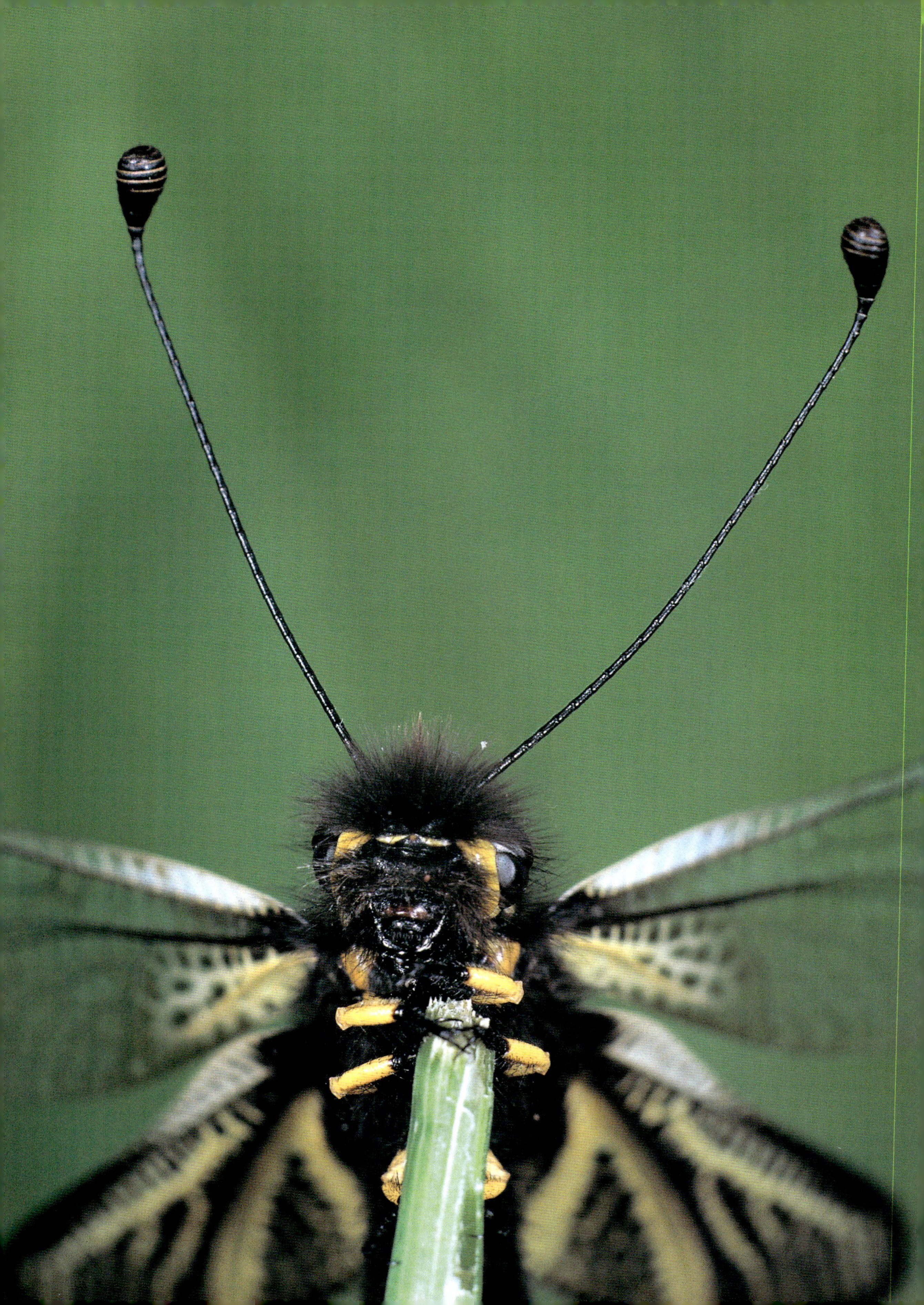

キバネツノトンボ

Ascalaphus ramburi（学名）　本州〜九州（分布）…約20mm（体長）…日当たりの良い草原（環境）

●脈翅目ツノトンボ科

トンボでないトンボ

　ツノトンボの仲間は脈翅目の昆虫で、トンボとは全く異なるグループの昆虫だ。脈翅目の昆虫にはウスバカゲロウ、クサカゲロウなどがいる。大きさがトンボぐらいで、透明な翅を持つことなどからトンボと勘違いされることもある。ツノトンボの名前の由来ともなっている触角は極めて長く、その先端が棍棒状になっている。

　キバネツノトンボは乾燥した山地の草原に、初夏に現れる美しいツノトンボだ。草原の上を活発に飛び小さな昆虫を捕らえて食べる。ツノトンボ類の幼虫も肉食で、形はウスバカゲロウの幼虫のアリジゴクによく似ている。

　しかしアリジゴクのように巣を作って獲物を待ち伏せるのではなく、地上を歩き回って積極的に獲物を探す。牙は大きく昆虫を捕らえて体液を吸う。

　ヘビトンボもトンボと名付けられているがやはり脈翅目の昆虫だ。幼虫は水中に生息しマゴタロウムシとして著名で、疳の虫などに効くとされる。幼虫にも成虫にも鋭い牙があり、かまれると痛い。

ツノトンボ
↑産卵しているツノトンボ。卵は枝などにまとめて産みつけられる。

キバネツノトンボ
←キバネツノトンボの幼虫は地面を徘徊し他の昆虫を捕らえて食べる。

キバネツノトンボ
↑テリトリーを張ったりするときに翅を開いてとまる。黄色の後翅が美しい。

ヘビトンボ
→ヘビトンボは水辺近くの林でよく見られる大型の昆虫。夜行性である。

←ツノトンボとはよく言ったものだ。まるでチョウの触角を太くしたような見事な触角を持つ。毛むくじゃらの顔は親しみが持てる。

↑まん丸の美しい目玉が印象的だ。クサカゲロウの仲間は夜行性で、灯りにも集まってくる。

クサカゲロウsp.
←幼虫の餌であるアブラムシの近くに長い柄のついた卵を産む。この枝は卵が他の昆虫に食べられないために有効なようだ。

クサカゲロウの仲間

Chrysopa sp.（学名）　北海道〜八重山（分布）…約25mm（体長）…雑木林、住宅地など（環境）

●脈翅目クサカゲロウ科

うどんげの花

　クサカゲロウの仲間は脈翅目の昆虫でウスバカゲロウに近い。さわると、くさい臭いがする。クサカゲロウの名の由来はこの臭いためなのか、草のような緑色なのでクサカゲロウなのか定かではない。

　卵はまとめて産みつけられ、細い糸のようなものの先についている。明かりに飛来し室内の電灯の傘などに産みつけられることもある。この卵はウドンゲの花と呼ばれ、卵があると不吉なことが起こると信じられていた。

　クサカゲロウの幼虫は草の上を徘徊し、アブラムシを食べて成長する。幼虫は背中にアブラムシの死骸や抜け殻をたくさん背負っている。アブラムシの集団の近くで5mm〜1cmほどのゴミの固まりが動いていたら、それがクサカゲロウの幼虫である。

　ウスバカゲロウの仲間の幼虫はアリジゴクと呼ばれる。雨の当たらない乾いてさらさらした土のある場所に、すり鉢状の穴を掘って棲んでいる。穴に落ちたアリなどを捕らえて、その体液を吸う。成虫は林の中などに多く、ヒラヒラとゆっくり飛翔する。

クサカゲロウsp.
↑飛翔中の姿が大変美しい昆虫だと思う。

ウスバカゲロウ
←アリジゴクの親にウスバカゲロウ。クサカゲロウに近い仲間だ

↑プライヤシリアゲの口は太い。この口を柔らかな昆虫にぶすりと刺して体液を吸う。

プライヤシリアゲ
↑毛虫を食べているところだ。

プライヤシリアゲ

Panorpa pryeri（学名）　北海道〜九州（分布）…15〜22mm（体長）…平地〜山地（環境）

●シリアゲムシ目シリアゲムシ科

メスにプレゼントする

シリアゲムシは湿った沢沿いの林などに多い。オスの腹端がサソリのように上にそっているので、尻上げ虫と名が付いた。太く鋭い口を持つ肉食の昆虫で、主に弱った昆虫や死骸などから汁を吸う。

オスは自分で探したえさのところでメスを待ち、メスが食べている間に交尾するという習性がある。メスと交尾したいオスは、食べ物を自分で食べずにメスにプレゼントをするのである。肉食の昆虫では、メスが食べているときに交尾する昆虫は結構多い。これは交尾しようとして、逆にメスに食べられてしまう危険を回避するためであろう。

シリアゲムシの仲間は、完全変態する昆虫の中では最も原始的な昆虫だと言われている。昆虫の世界では、原始的と言われるカメムシやハサミムシなどの昆虫に子守をするものがいたり、シリアゲムシなど交尾行動に複雑な習性を持つものが多いのは興味深い。

ヤマトシリアゲ
↓メスが食べている間に交尾すれば安全だ。

ヤマトシリアゲ
↓ツマグロヨコバイを捕らえて食べている。

オオハサミシリアゲ
↓オスの尾端はまるでサソリのそれみたいに膨れていて刺しそうにも見える。このハサミは多分メスと交尾するときに使うのだろう。

161

↑カワゲラの顔はセミに似ているようにも思えるが違う仲間だ。川辺に生息し、幼虫は水中で暮らす。

カワゲラsp.
↑翅は大きくて体をすっぽりと覆っている。

カワゲラの仲間

Plecoptera（学名） 北海道〜九州（分布）…大きさは種により様々（体長）…水辺（環境）

●カワゲラ目カワゲラ科

水に住む

カワゲラの仲間はカワゲラ目の昆虫で、幼虫は水中に生息する。カワゲラの仲間は一般に綺麗な水を好む。どんな種類のカワゲラが棲んでいるかで、水の汚染度を知る手がかりにもなる。

カワゲラの仲間は年1回発生し、初夏に出現するものが多い。幼虫は秋までは極めて小さいが、晩秋から早春に急激に大きくなるものが多い。カワゲラの幼虫は岩に吸い付くような足をしていて、急な流れの中でも川の石の上を歩き回り、カゲロウなどの小さな昆虫を捕食する。

長野県ではカワゲラやカゲロウなどの幼虫はザザムシと称され、佃煮にされる。栄養ある美味な珍味である。川魚もこれらの昆虫が大好きで、釣りの疑似餌はカゲロウの成虫を模したものが多い。

セッケイカワゲラは冬に成虫になる変わり者のカワゲラだ。セッケイカワゲラは0℃から5℃ぐらいの温度を好むカワゲラで、高い気温には極めて弱い。雪の上をかなりのスピードで歩きまわり、虫の死体などを食べる。

カゲロウsp.
←カゲロウがこんなに目玉が大きかったとは拡大撮影するまで知らなかった。

セッケイカワゲラ
↑寒さがゆるむ頃に雪の上に出現する変わったカワゲラだ。双翅類の死骸を食べているところだ。

カゲロウsp.
←カゲロウは春から初夏にでる種が多い。英語ではMayfly（5月のハエ）と呼ぶ。

↑卵をくわえて世話をするコブハサミムシの母親。産卵は早春の2月末から3月だ。

コブハサミムシ
←やっと子供が孵った。でもこの後に待ち受ける母親の運命は残酷だ。

コブハサミムシ

Anechura harmandi（学名）　本州〜沖縄（分布）…12〜20mm（体長）…林の周辺（環境）

親の鑑？

●ハサミムシ目クギヌキハサミムシ科

　親の鑑(かがみ)という言葉がある。親が苦労しても子供を立派に育てる人のことを言う。また子は親の鏡ともいう。こちらは同じかがみでも、鑑ではなくて鏡のほうだ。子を見れば親がわかるといったときに使う。ハサミムシは不完全変態の昆虫であり、子は親と似た形をしているから子は親の鏡である。

　ハサミムシは石の下などに穴を掘って棲んでいる昆虫で、母親が卵や子供の世話をするので有名だ。卵をまめに並べかえたり、なめたりする。じめじめした暗いところに棲んでいるので、卵にカビがはえたりするのを防いでいるのだといわれている。卵からかえった幼虫もしばらくの間、母親といっしょに暮らす。アリなどの天敵が巣穴に入ってくると、母親は果敢に闘って撃退しようとする。

　ハサミムシの母親のすごいところは、その保育の間何も食べないことである。やがて母親は力つきて弱ってくる。すると、まだ生きているのにも関わらず、子供たちがよってたかって母親を食べてしまうのだ。最初は体を動かして振り払おうとするが、そのうちに力つきてしまう。自らの体を子供たちのえさにするのである。親の鑑と言えるであろうか。

コブハサミムシ
←自分の子供たちに食べられてしまった母親。

オオハサミムシ
↑進入したアリにハサミを振りかざして立ち向かう母親。

オオハサミムシ
←ハサミでアリをはさんで撃退してしまった。

環境省2000年レッド・データ

- **EX絶滅種**
  既に絶滅した種
- **CR+EN絶滅危惧I類**
  絶滅の危機に瀕している種
- **VU絶滅危惧II類**
  絶滅の危機が増大しているもの
- **NT準絶滅危惧種**
  現時点では絶滅の危険度は低いが、生息条件の変化によっては上位ランクに移行する可能性のあるもの
- **DD情報不足種**
  評価するだけの情報が不足しているもの
- **LP絶滅のおそれのある地域個体群**

絶滅種

ランク	分類群	和名	学名
EX	コウチュウ目	コゾノメクラチビゴミムシ	Rakantrechus elegans
EX	コウチュウ目	カドタメクラチビゴミムシ	Ishikawatrechus intermedius

絶滅危惧I類

ランク	分類群	和名	学名
CR+EN	トンボ目	ヒヌマイトトンボ	Mortonagrion hirosei
CR+EN	トンボ目	アオナガイトトンボ	Pseudagrion microcephalum
CR+EN	トンボ目	オオセスジイトトンボ	Cercion plagiosum
CR+EN	トンボ目	カラフトイトトンボ	Agrion hylas
CR+EN	トンボ目	オオモノサシトンボ	Copera tokyoensis
CR+EN	トンボ目	オガサワラアオイトトンボ	Indolestes boninensis
CR+EN	トンボ目	オガサワラトンボ	Hemicordulia ogasawarensis
CR+EN	トンボ目	ミヤジマトンボ	Orthetrum poecilops miyajimaense
CR+EN	トンボ目	ベッコウトンボ	Libellula angelina
CR+EN	トンボ目	マダラナニワトンボ	Sympetrum maculatum
CR+EN	ガロアムシ目	イシイムシ	Galloisiana notabilis
CR+EN	カメムシ目	イシガキニイニイ	Platypleura albivannata
CR+EN	カメムシ目	シオアメンボ	Asclepios shiranui
CR+EN	カメムシ目	カワムラナベブタムシ	Aphelocheirus kawamurae
CR+EN	カメムシ目	ズイムシハナカメムシ	Lyctocoris beneficus
CR+EN	カメムシ目	コリヤナギグンバイ	Physatocheila distinguenda
CR+EN	カメムシ目	ブチヒゲツノヘリカメムシ	Dicranocephalus medius
CR+EN	コウチュウ目	イカリモンハンミョウ	Cicindela anchoralis
CR+EN	コウチュウ目	オガサワラハンミョウ	Cicindela bonina
CR+EN	コウチュウ目	リシリキンオサムシ	Carabus kolbei hanatanii
CR+EN	コウチュウ目	ケバネメクラチビゴミムシ	Chaetotrechiama procerus
CR+EN	コウチュウ目	ツヅラセメクラチビゴミムシ	Rakantrechus lallum
CR+EN	コウチュウ目	ウスケメクラチビゴミムシ	Rakantrechus mirabilis
CR+EN	コウチュウ目	リュウノメクラチビゴミムシ	Awatrechus hygrobius
CR+EN	コウチュウ目	スリカミメクラチビゴミムシ	Trechiama oopterus
CR+EN	コウチュウ目	ヨコハマナガゴミムシ	Pterostichus yokohamae
CR+EN	コウチュウ目	キイロホソゴミムシ	Drypta fulveola
CR+EN	コウチュウ目	カガミムカシゲンゴロウ	Phreatodytes latiusculus
CR+EN	コウチュウ目	トサムカシゲンゴロウ	Phreatodytes sublimbatus
CR+EN	コウチュウ目	ギフムカシゲンゴロウ	Phreatodytes elongatus
CR+EN	コウチュウ目	オオメクラゲンゴロウ	Morimotoa gigantea
CR+EN	コウチュウ目	トサメクラゲンゴロウ	Morimotoa morimotoi
CR+EN	コウチュウ目	スジゲンゴロウ	Hydaticus satoi
CR+EN	コウチュウ目	ヤシャゲンゴロウ	Acilius kishii
CR+EN	コウチュウ目	マルコガタノゲンゴロウ	Cybister lewisianus
CR+EN	コウチュウ目	フチトリゲンゴロウ	Cybister limbatus
CR+EN	コウチュウ目	コガタノゲンゴロウ	Cybister tripunctatus orientalis
CR+EN	コウチュウ目	シャープゲンゴロウモドキ	Dytiscus sharpi
CR+EN	コウチュウ目	リュウノイワヤツムネハネカクシ	Quedius kiuchii
CR+EN	コウチュウ目	ヤンバルテナガコガネ	Cheirotonus jambar
CR+EN	コウチュウ目	ヨコミゾドロムシ	Leptelmis gracilis
CR+EN	コウチュウ目	フサヒゲルリカミキリ	Agapanthia japonica
CR+EN	コウチュウ目	キイロネクイハムシ	Macroplea mutica japana
CR+EN	コウチュウ目	ヤエヤマミツギリゾウムシ	Baryrhynchus yaeyamensis
CR+EN	ハエ目	イソメマトイ	Hydrotaea glabricula
CR+EN	チョウ目	チャマダラセセリ(北海道・本州亜種)	Pyrgus maculatus maculatus
CR+EN	チョウ目	チャマダラセセリ(四国亜種)	Pyrgus maculatus shikokuensis
CR+EN	チョウ目	オガサワラシジミ	Celastrina ogasawaraensis
CR+EN	チョウ目	タイワンツバメシジミ(本土亜種)	Everes lacturnus kawaii
CR+EN	チョウ目	タイワンツバメシジミ(南西諸島亜種)	Everes lacturnus rileyi
CR+EN	チョウ目	キタアカシジミ(冠高原亜種)	Japonica onoi mizobei
CR+EN	チョウ目	クロシジミ	Niphanda fusca

ランク	分類群	和名	学名
CR+EN	チョウ目	ゴイシツバメシジミ	Shijimia moorei
CR+EN	チョウ目	オオルリシジミ（本州亜種）	Shijimiaeoides divinus barine
CR+EN	チョウ目	オオルリシジミ（九州亜種）	Shijimiaeoides divinus asonis
CR+EN	チョウ目	シルビアシジミ（本土亜種）	Zizina otis emelina
CR+EN	チョウ目	オオウラギンヒョウモン	Fabriciana nerippe
CR+EN	チョウ目	ウスイロヒョウモンモドキ	Melitaea regama
CR+EN	チョウ目	ヒョウモンモドキ	Melitaea scotosia
CR+EN	チョウ目	カバシタムクゲエダシャク	Sebastosema bubonaria
CR+EN	チョウ目	ミツモンケンモン	Cymatophoropsis trimaculata
CR+EN	チョウ目	ミヨタトラヨトウ	Oxytrypia orbiculosa
CR+EN	チョウ目	ノシメコヤガ	Sinocharis korbae

絶滅危惧II類

ランク	分類群	和名	学名
VU	トンボ目	ベニイトトンボ	Ceriagrion nipponicum
VU	トンボ目	オガサワライトトンボ	Boninagrion ezoin
VU	トンボ目	グンバイトンボ	Platycnemis foliacea sasakii
VU	トンボ目	コバネアオイトトンボ	Lestes japonicus
VU	トンボ目	ハナダカトンボ	Rhinocypha ogasawarensis
VU	トンボ目	キイロヤマトンボ	Macromia daimoji
VU	トンボ目	シマアカネ	Boninthemis insularis
VU	トンボ目	ナニワトンボ	Sympetrum gracile
VU	トンボ目	オオキトンボ	Sympetrum uniforme
VU	トンボ目	エゾカオジロトンボ	Leucorrhinia intermedia ijimai
VU	カワゲラ目	チビカワゲラ	Miniperla japonica
VU	カメムシ目	クロイワゼミ	Muda kuroiwae
VU	カメムシ目	チョウセンケナガニイニイ	Suisha coreana
VU	カメムシ目	ダイトウヒメハルゼミ	Euterpnosia chibensis daitoensis
VU	カメムシ目	イトアメンボ	Hydrometra albolineata
VU	カメムシ目	オヨギカタビロアメンボ	Xiphovelia japonica
VU	カメムシ目	シロウミアメンボ	Halobates matsumurai
VU	カメムシ目	トゲアシアメンボ	Limnonetra femorata
VU	カメムシ目	オガサワラミズギワカメムシ	Micracanthia boninana
VU	カメムシ目	タガメ	Lethocerus deyrollei
VU	カメムシ目	トゲナベブタムシ	Aphelocheirus nawae
VU	カメムシ目	エグリタマミズムシ	Heterotrephes admorsus
VU	カメムシ目	リンゴクロメクラガメ	Pseudophylus flavipes
VU	カメムシ目	ツマグロマキバサシガメ	Stenonabis extremus
VU	カメムシ目	ゴミアシナガサシガメ	Myiophanes tipulina
VU	カメムシ目	ヤセオオヒラタカメムシ	Mezira tremulae
VU	カメムシ目	アシナガナガカメムシ	Poeantius lineatus
VU	コウチュウ目	ヨドシロヘリハンミョウ	Cicindela inspecularis
VU	コウチュウ目	カワラハンミョウ	Cicindela laetescripta
VU	コウチュウ目	ルイスハンミョウ	Cicindela lewisi
VU	コウチュウ目	ハラビロハンミョウ	Cicindela sumatrensis niponensis
VU	コウチュウ目	イワテセダカオサムシ	Cychrus morawitzi iwatensis
VU	コウチュウ目	ウガタオサムシ	Carabus maiyasanus ohkawai
VU	コウチュウ目	ドウキョウオサムシ	Carabus uenoi
VU	コウチュウ目	マークオサムシ	Carabus maacki aquatilis
VU	コウチュウ目	ワタラセハンミョウモドキ	Elaphrus sugai
VU	コウチュウ目	ナカオメクラチビゴミムシ	Trechiama nakaoi
VU	コウチュウ目	コカシメクラチビゴミムシ	Kusumia australis
VU	コウチュウ目	イワタメクラチビゴミムシ	Daiconotrechus iwatai
VU	コウチュウ目	オガサワラクチキゴミムシ	Morion boninense
VU	コウチュウ目	クチキゴミムシ	Morion japonicum
VU	コウチュウ目	アマミスジアオゴミムシ	Haplochlaenius insularis
VU	コウチュウ目	ホンシュウオオイチモンジシマゲンゴロウ	Hydaticus conspersus
VU	コウチュウ目	マダラシマゲンゴロウ	Hydaticus thermonectoides
VU	コウチュウ目	ヒメフチトリゲンゴロウ	Cybister rugosus
VU	コウチュウ目	マルダイコクコガネ	Copris brachypterus
VU	コウチュウ目	クメジマボタル	Luciola owadai
VU	ハエ目	ニホンアミカモドキ	Deuterophlebia nipponica
VU	ハエ目	マガリスネカ	Hyperoscelis insignis
VU	ハエ目	クロマガリスネカ	Hyperoscelis veternosa
VU	ハエ目	ゴヘイニクバエ	Sarcophila japonica
VU	トビケラ目	ビワアシエダトビケラ	Georgium japonicum
VU	チョウ目	ホシチャバネセセリ	Aeromachus inachus inachus
VU	チョウ目	アカセセリ	Hesperia florinda
VU	チョウ目	アサヒナキマダラセセリ	Ochlodes asahinai
VU	チョウ目	ヒメチャマダラセセリ	Pyrgus malvae coreanus

ランク	分類群	和名	学名
VU	チョウ目	ギフチョウ	Luehdorfia japonica
VU	チョウ目	ミヤマシロチョウ	Aporia hippia japonica
VU	チョウ目	ツマグロキチョウ	Eurema laeta betheseba
VU	チョウ目	ヒメシロチョウ	Leptidea amurensis
VU	チョウ目	チョウセンアカシジミ	Coreana raphaelis yamamotoi
VU	チョウ目	キタアカシジミ(北日本亜種)	Japonica onoi onoi
VU	チョウ目	ミヤマシジミ	Lycaeides argyrognomon
VU	チョウ目	アサマシジミ(北海道亜種)	Lycaeides subsolanus iburiensis
VU	チョウ目	アサマシジミ(中部中山帯亜種)	Lycaeides subsolanus yaginus
VU	チョウ目	アサマシジミ(中部高山帯亜種)	Lycaeides subsolanus yarigadakeanus
VU	チョウ目	ゴマシジミ	Maculinea teleius
VU	チョウ目	ルーミスシジミ	Panchala ganesa loomisi
VU	チョウ目	オオイチモンジ	Limenitis populi jezoensis
VU	チョウ目	コヒョウモンモドキ	Mellicta ambigua niphona
VU	チョウ目	ヒメヒカゲ(本州中部亜種)	Coenonympha oedippus annulifer
VU	チョウ目	ヒメヒカゲ(本州西部亜種)	Coenonympha oedippus arothius
VU	チョウ目	クロヒカゲモドキ	Lethe marginalis
VU	チョウ目	タカネヒカゲ(北アルプス亜種)	Oeneis norna asamana
VU	チョウ目	タカネヒカゲ(八ケ岳亜種)	Oeneis norna sugitanii
VU	チョウ目	ウラナミジャノメ(本土亜種)	Ypthima motschulskyi niphonica

準絶滅危惧種			
ランク	分類群	和名	学名
NT	カゲロウ目	ヒトリガカゲロウ	Oligoneuriella rhenana
NT	カゲロウ目	リュウキュウトビイロカゲロウ	Chiusanophlebia asahinai
NT	トンボ目	ヒメイトトンボ	Agriocnemis pygmaea
NT	トンボ目	マンシュウイトトンボ	Ischnura elegans elegans
NT	トンボ目	カラカネイトトンボ	Nehalennia speciosa
NT	トンボ目	アカメイトトンボ	Erythromma humerale
NT	トンボ目	オキナワサナエ	Asiagomphus amamiensis okinawanus
NT	トンボ目	アマミサナエ	Asiagomphus amamiensis amamiensis
NT	トンボ目	ヤエヤマサナエ	Asiagomphus yayeyamensis
NT	トンボ目	ヒロシマサナエ	Davidius moiwanus sawanoi
NT	トンボ目	オキナワミナミヤンマ	Chlorogomphus brevistigma okinawensis
NT	トンボ目	アサトカラスヤンマ	Chlorogomphus brunneus keramensis
NT	トンボ目	オキナワサラサヤンマ	Oligoaeschna kunigamiensis
NT	トンボ目	アマミヤンマ	Planaeschna ishigakiana nagaminei
NT	トンボ目	イシガキヤンマ	Planaeschna ishigakiana ishigakiana
NT	トンボ目	イイジマルリボシヤンマ	Aeschna subarctica
NT	トンボ目	ヒナヤマトンボ	Macromia urania
NT	トンボ目	オキナワコヤマトンボ	Macromia kubokaiya
NT	トンボ目	ベニヒメトンボ	Diplacodes bipunctatus
NT	トンボ目	ハネナガチョウトンボ	Rhyothemis severini
NT	カワゲラ目	フライソンアミメカワゲラ	Perlodes frisonanus
NT	バッタ目	ツシマフトギス	Paratlanticus tsushimensis
NT	バッタ目	オキナワキリギリス	Gampsocleis ryukyuensis
NT	カメムシ目	ハウチワウンカ	Trypetimorpha japonica
NT	カメムシ目	イシガキヒグラシ	Tanna japonensis ishigakiana
NT	カメムシ目	オガサワラハナダカアワフキ(新称)	Hiraphora longiceps
NT	カメムシ目	オガサワラアオズキンヨコバイ	Batracomorphus ogasawarensis
NT	カメムシ目	フクロヨコバイ	Glossocratus fukuroki
NT	カメムシ目	カワムラヨコバイ	Mimotettix kawamurae
NT	カメムシ目	スナヨコバイ	Psammotettix maritimus
NT	カメムシ目	ケブカオヨギカタビロアメンボ	Xiphovelia boninensis
NT	カメムシ目	エサキナガレカタビロアメンボ	Pseudovelia esakii
NT	カメムシ目	ツヤセスジアメンボ	Limnogonus nitidus
NT	カメムシ目	オガサワラアメンボ	Neogerris boninensis
NT	カメムシ目	ババアメンボ	Gerris babai
NT	カメムシ目	エサキアメンボ	Limnoporus esakii
NT	カメムシ目	ヒラタミズギワカメムシ	Salda littoralis
NT	カメムシ目	オモゴミズギワカメムシ	Macrosaldula shikokuana
NT	カメムシ目	ヒメミズギワカメムシ	Micracanthia hasegawai
NT	カメムシ目	コオイムシ	Appasus japonicus
NT	カメムシ目	エサキタイコウチ	Laccotrephes maculatus
NT	カメムシ目	マダラアシミズカマキリ	Ranatra longipes
NT	カメムシ目	ホッケミズムシ	Hesperocorixa distanti hokkensis
NT	カメムシ目	オオミズムシ	Hesperocorixa kolthoffi
NT	カメムシ目	ナガミズムシ	Hesperocorixa mandshurica
NT	カメムシ目	コバンムシ	Ilyocoris cimicoides exclamationis
NT	カメムシ目	オキナワマツモムシ	Notonecta montandoni

NT	カメムシ目	オガサワラチャイロメクラガメ	Lygocoris boninensis
NT	カメムシ目	オオムラハナカメムシ	Kitocoris omura
NT	カメムシ目	オオサシガメ	Triatoma rubrofasciata
NT	カメムシ目	オオカモドキサシガメ	Empicoris brachystigma
NT	カメムシ目	フサヒゲサシガメ	Ptilocerus immitis
NT	カメムシ目	ミヤモトベニメクラガメ	Miyamotoa rubicunda
NT	カメムシ目	クヌギヒイロメクラガメ	Pseudoloxops miyamotoi
NT	カメムシ目	カバヒラタカメムシ	Aradus betulae
NT	カメムシ目	ケシヒラタカメムシ	Glochocoris infantulus
NT	カメムシ目	ハマベナガカメムシ	Peritrechus femoralis
NT	カメムシ目	ミナミナガカメムシ	Clerada apicicornis
NT	カメムシ目	ハマベツチカメムシ	Byrsinus varians
NT	カメムシ目	シロヘリツチカメムシ	Canthophorus niveimarginatus
NT	カメムシ目	ミカントゲカメムシ	Rhynchocoris humeralis
NT	コウチュウ目	クロオビヒゲブトオサムシ	Ceratoderus venustus
NT	コウチュウ目	ヤエヤマクビナガハンミョウ	Collyris loochooensis
NT	コウチュウ目	オオミネクロナガオサムシ	Carabus arboreus ohminensis
NT	コウチュウ目	オオヒョウタンゴミムシ	Scarites sulcatus
NT	コウチュウ目	ウミホソチビゴミムシ	Perileptus morimotoi
NT	コウチュウ目	キイロコガシラミズムシ	Haliplus eximius
NT	コウチュウ目	マダラコガシラミズムシ	Haliplus sharpi
NT	コウチュウ目	キボシチビコツブゲンゴロウ	Neohydrocoptus bivittis
NT	コウチュウ目	フタキボシケシゲンゴロウ	Allopachria bimaculatus
NT	コウチュウ目	キボシツブゲンゴロウ	Japanolaccophilus nipponensis
NT	コウチュウ目	トダセスジゲンゴロウ	Copelatus nakamurai
NT	コウチュウ目	ゲンゴロウ	Cybister japonicus
NT	コウチュウ目	キタゲンゴロウモドキ	Dytiscus delictus
NT	コウチュウ目	チュウブホソガムシ	Hydrochus chubu
NT	コウチュウ目	セスジガムシ	Helophorus auriculatus
NT	コウチュウ目	エゾコガムシ	Hydrochara libera
NT	コウチュウ目	オオクワガタ	Dorcus curvidens binodulus
NT	コウチュウ目	ミクラミヤマクワガタ	Lucanus gamunus
NT	コウチュウ目	キンオニクワガタ	Prismognathus dauricus
NT	コウチュウ目	ダイコクコガネ	Copris ochus
NT	コウチュウ目	アラメエンマコガネ	Onthophagus ocellatopunctatus
NT	コウチュウ目	オオチャイロハナムグリ	Osmoderma opicum
NT	コウチュウ目	ケスジドロムシ	Pseudamophilus japonicus
NT	コウチュウ目	アカツヤドロムシ	Zaitzevia rufa
NT	コウチュウ目	ノブオオオアオコメツキ	Campsosternus nobuoi
NT	コウチュウ目	ミヤコマドボタル	Pyrochoelia miyako
NT	コウチュウ目	コクロオバボタル	Lucidina okadai
NT	コウチュウ目	ケブカマルクビカミキリ	Atimia okayamensis
NT	コウチュウ目	アカムネハナカミキリ	Macropidonia ruficollis
NT	コウチュウ目	ムラサキアオカミキリ	Schwarzerium viridicyaneum
NT	コウチュウ目	ミドリヒメスギカミキリ	Palaeocallidium kuratai
NT	コウチュウ目	ケマダラカミキリ	Agapanthia daurica
NT	コウチュウ目	カタモンビロウドカミキリ	Acalolepta sublusca boehmeriavora
NT	コウチュウ目	アサカミキリ	Thyestilla gebleri
NT	コウチュウ目	ヒメスジシロカミキリ	Glenea hamabovola
NT	コウチュウ目	アカガネネクイハムシ	Donacia hirtihumeralis
NT	コウチュウ目	アキミズクサハムシ	Plateumaris akiensis
NT	ハチ目	オガサワラセイボウ（新称）	Chrysis boninensis
NT	ハチ目	ノヒラセイボウ	Chrysis nohirai
NT	ハチ目	オガサワラアナバチ	Isodontia boninensis
NT	ハチ目	ハハジマピソン（新称）	Pison hahadzimaense
NT	ハチ目	チチジマピソン	Pison tosawai
NT	ハチ目	オガサワラメンハナバチ	Hylaeus boninensis
NT	ハチ目	キムネメンハナバチ	Hylaeus incomitatus
NT	ハチ目	ヤスマツメンハナバチ	Hylaeus yasumatsui
NT	ハチ目	オガサワラキホリハナバチ	Lithurge ogasawarensis
NT	ハチ目	オガサワラクマバチ	Xylocopa ogasawarensis
NT	ハエ目	オオハマハマダラカ	Anopheles saperoi
NT	トビケラ目	オオナガレトビケラ	Himalopsyche japonica
NT	トビケラ目	オキナワオオシマトビケラ	Macrostemum okinawanum
NT	トビケラ目	クロアシエダトビケラ	Asotocerus nigripennis
NT	トビケラ目	ギンボシツツトビケラ	Setodes turbatus
NT	トビケラ目	ツノカクツツトビケラ	Goerodes corniger
NT	チョウ目	ベニモンマダラ（道南亜種）	Zygaena niphona hakodatensis
NT	チョウ目	ベニモンマダラ（本土亜種）	Zygaena niphona niphona
NT	チョウ目	タカネキマダラセセリ（北アルプス亜種）	Carterocephalus palaemon satakei
NT	チョウ目	タカネキマダラセセリ（南アルプス亜種）	Carterocephalus palaemon akaishianus

ランク	分類群	和名	学名
NT	チョウ目	ギンイチモンジセセリ	Leptalina unicolor
NT	チョウ目	オガサワラセセリ	Parnara ogasawarensis
NT	チョウ目	スジグロチャバネセセリ	Thymelicus leoninus leoninus
NT	チョウ目	ヒメギフチョウ（北海道亜種）	Luehdorfia puziloi yessoensis
NT	チョウ目	ヒメギフチョウ（本州亜種）	Luehdorfia puziloi inexpecta
NT	チョウ目	ウスバキチョウ	Parnassius eversmanni daisetsuzanus
NT	チョウ目	クモマツマキチョウ（北アルプス・戸隠亜種）	Anthocharis cardamines isshikii
NT	チョウ目	クモマツマキチョウ（八ヶ岳・南アルプス亜種）	Anthocharis cardamines hayashii
NT	チョウ目	ミヤマモンキチョウ（浅間山系亜種）	Colias palaeno aias
NT	チョウ目	ミヤマモンキチョウ（北アルプス亜種）	Colias palaeno sugitanii
NT	チョウ目	ヤマキチョウ	Gonepteryx rhamni maxima
NT	チョウ目	イワカワシジミ	Artipe oryx okinawana
NT	チョウ目	ベニモンカラスシジミ（中部亜種）	Fixsenia iyonis surugaensis
NT	チョウ目	ベニモンカラスシジミ（中国亜種）	Fixsenia iyonis kibiensis
NT	チョウ目	ベニモンカラスシジミ（四国亜種）	Fixsenia iyonis iyonis
NT	チョウ目	オオゴマシジミ	Maculinea arionides takamukui
NT	チョウ目	リュウキュウウラボシシジミ	Pithecops corvus ryukyuensis
NT	チョウ目	ツシマウラボシシジミ	Pithecops fulgens tsushimanus
NT	チョウ目	ヒメシジミ（本州・九州亜種）	Plebejus argus micrargus
NT	チョウ目	キマダラルリツバメ	Spindasis kanonis
NT	チョウ目	クロツバメシジミ	Tongeia fischeri
NT	チョウ目	カラフトルリシジミ	Vacciniina optilete daisetsuzana
NT	チョウ目	ハマヤマトシジミ	Zizeeria karsandra
NT	チョウ目	ヒョウモンチョウ（東北以北亜種）	Brenthis daphne iwatensis
NT	チョウ目	ヒョウモンチョウ（本州中部亜種）	Brenthis daphne rabdia
NT	チョウ目	アサヒヒョウモン	Clossiana freija asahidakeana
NT	チョウ目	アカボシゴマダラ	Hestina assimilis shirakii
NT	チョウ目	コノハチョウ	Kallima inachus eucerca
NT	チョウ目	フタオチョウ	Polyura eudamippus weismanni
NT	チョウ目	オオムラサキ	Sasakia charonda charonda
NT	チョウ目	クモマベニヒカゲ（北海道亜種）	Erebia ligea rishirizana
NT	チョウ目	クモマベニヒカゲ（本州亜種）	Erebia ligea takanonis
NT	チョウ目	ベニヒカゲ（本州亜種）	Erebia niphonica niphonica
NT	チョウ目	キマダラモドキ	Kirinia fentoni
NT	チョウ目	ダイセツタカネヒカゲ	Oeneis melissa daisetsuzana
NT	チョウ目	マサキウラナミジャノメ	Ypthima masakii
NT	チョウ目	リュウキュウウラナミジャノメ	Ypthima riukiuana
NT	チョウ目	ヤエヤマウラナミジャノメ	Ypthima yayeyamana
NT	チョウ目	クロフカバシャク	Archiearis notha okanoi
NT	チョウ目	ヨナグニサン	Attacus atlas
NT	チョウ目	ハグルマヤママユ	Loepa katinka sakaei
NT	チョウ目	フジシロミャクヨトウ	Heliophobus texturatus
NT	チョウ目	アズミキシタバ	Catocala koreana

情報不足種

ランク	分類群	和名	学名
DD	カゲロウ目	アカツキシロカゲロウ	Ephoron eophilum
DD	カゲロウ目	ビワコシロカゲロウ	Ephoron limnobium
DD	カワゲラ目	カワイオナシカワゲラ	Protonemura spinosa
DD	バッタ目	オオオカメコオロギ	Loxoblemmus magnatus
DD	バッタ目	ヒロバネツユムシ	Arnobia pilipes
DD	バッタ目	ヒメヒゲナガヒナバッタ	Chorthippus nakazimai
DD	ゴキブリ目	エサキクチキゴキブリ	Salganea esakii
DD	ハサミムシ目	ムカシハサミムシ	Challia fletcheri
DD	カメムシ目	ザオウウンカ	Kelisia asahinai
DD	カメムシ目	ゴマフクサビヨコバイ	Drabescus ineffectus
DD	カメムシ目	テングオオヨコバイ	Tengirhinus tengu
DD	カメムシ目	ナカハラヨコバイ	Nakaharanus nakaharae
DD	カメムシ目	ヒロオビフトヨコバイ	Athysanus latifasciatus
DD	カメムシ目	オオメノミカメムシ	Hypselosoma matsumurae
DD	カメムシ目	アマミオオメノミカメムシ	Hypselosoma hirashimai
DD	カメムシ目	タイワンタガメ	Lethocerus indicus
DD	カメムシ目	クロスジコアオメクラガメ	Apolygus nigrovirens
DD	カメムシ目	サガミグンバイ	Stephanitis tabidula
DD	カメムシ目	タカラサシガメ	Elongicoris takarai
DD	カメムシ目	ヒラタツチカメムシ	Garsauria laosana
DD	カメムシ目	ツシマキボシカメムシ	Dalpada cinctipes
DD	アミメカゲロウ目	ツシマカマキリモドキ	Cercomantispa shirozui
DD	コウチュウ目	オオキバナガミズギワゴミムシ	Armatocillenus sumaoi
DD	コウチュウ目	ムカシゲンゴロウ	Phreatodytes relictus

DD	コウチュウ目	メクラゲンゴロウ	Morimotoa phreatica phreatica
DD	コウチュウ目	セスジマルドロムシ	Georissus granulosus
DD	コウチュウ目	オオズミハネカクシ	Liparocephalus tokunagai
DD	コウチュウ目	ヤクシマオニクワガタ	Prismognathus angularis tokui
DD	コウチュウ目	ヒメダイコクコガネ	Copris tripartitus
DD	コウチュウ目	ヤマトエンマコガネ	Onthophagus japonicus
DD	コウチュウ目	サキシマチビコガネ	Mimela ignicauda sakishimana
DD	コウチュウ目	オビヒメコメツキモドキ	Anadastus pulchelloides
DD	コウチュウ目	アカネキスジトラカミキリ	Cyrtoclytus monticallisus
DD	コウチュウ目	ヒメビロウドカミキリ	Acalolepta degener
DD	コウチュウ目	ノブオフトカミキリ	Peblephaeus nobuoi
DD	コウチュウ目	アオキクスイカミキリ	Phytoecia coeruleomicans
DD	コウチュウ目	クロガネネクイハムシ	Donacia flemora
DD	コウチュウ目	カツラネクイハムシ	Donacia katsurai
DD	コウチュウ目	オオルリハムシ	Chrysolina virgata
DD	コウチュウ目	ゴマダラオオヒゲナガゾウムシ	Peribathys okinawanus
DD	コウチュウ目	キマダラオオヒゲナガゾウムシ	Peribathys shinonagai
DD	コウチュウ目	チャバネホソミツギリゾウムシ	Cyphagogus iwatensis
DD	コウチュウ目	ヨツモンミツギリゾウムシ	Baryrhynchus tokarensis
DD	コウチュウ目	スジヒメカタゾウムシ	Ogasawarazo lineatus
DD	コウチュウ目	ダイトウスジヒメカタゾウムシ	Ogasawarazo daitoensis
DD	ハチ目	トガシオオナギナタハバチ(新称)	Megaxyela togashii
DD	ハチ目	コウノハバチ	Selandria konoi
DD	ハチ目	ハクサンハバチ(新称)	Neocolochelyna hakusana
DD	ハチ目	イトウハバチ	Neocolochelyna itoi
DD	ハチ目	スダセイボウ	Trichrysis sudai
DD	ハチ目	ムサシトゲセイボウ	Elampus musashinus
DD	ハチ目	ナガセクロツチバチ	Liacos melanogaster
DD	ハチ目	ケシノコギリハリアリ	Amblyopone fulvida
DD	ハチ目	ホソハナナガアリ	Probolomyrmex longinodus
DD	ハチ目	ハナナガアリ	Probolomyrmex okinawensis
DD	ハチ目	ヤクシマハリアリ	Ponera yakushimensis
DD	ハチ目	ヒメアギトアリ	Anochetus shohki
DD	ハチ目	オガサワラカシアリ	Leptanilla oceanica
DD	ハチ目	ツヤミカドオオアリ	Camponotus amamianus
DD	ハチ目	ミヤマアメイロケアリ	Lasius hikosanus
DD	ハチ目	アマミカバフドロバチ	Pararrhynchium tsunekii
DD	ハチ目	フクイアナバチ	Sphex inusitatus fukuianus
DD	ハチ目	カワラアワフキバチ	Dienoplus tumidus japonensis
DD	ハチ目	ババアワフキバチ	Gorytes ishigakiensis
DD	ハチ目	キアシハナダカバチモドキ	Stizus pulcherrimus
DD	ハチ目	ムコジマスナハキバチ(新称)	Bembecinus anthracinus mukodzimaensis
DD	ハチ目	ニッポンハナダカバチ	Bembix niponica
DD	ハチ目	タイワンハナダカバチ	Bembix formosana
DD	ハチ目	エラブツチスガリ(新称)	Cerceris tomiyamai
DD	ハチ目	トクノシマツチスガリ	Cerceris amamiensis tokunosimana
DD	シリアゲムシ目	エゾユキシリアゲ	Boreus jezoensis
DD	シリアゲムシ目	イシガキシリアゲ	Neopanorpa subreticulata
DD	シリアゲムシ目	ツシマシリアゲ	Panorpa tsushimaensis
DD	シリアゲムシ目	アマミシリアゲ	Panorpa amamiensis
DD	ハエ目	キョクトウハネカ(新称)	Nymphomyia rohdendorfi
DD	ハエ目	エサキニセヒメガガンボ	Protoplasa (Protanyderus) esakii
DD	ハエ目	アルプスニセヒメガガンボ	Protoplasa (Protanyderus) alexanderi
DD	ハエ目	モイワエゾカ	Pachyneura fasciata
DD	ハエ目	ヤマトクチキカ	Axymyia japonica
DD	ハエ目	ハマダラハルカ	Haruka elegans
DD	ハエ目	ネグロクサアブ	Coenomyia basalis
DD	ハエ目	シマクサアブ	Odontosabula gloriosa
DD	ハエ目	キンシマクサアブ	Odontosabula decora
DD	ハエ目	ヒメシマクサアブ	Odontosabula fulvipilosa
DD	ハエ目	イトウフトアブ	Glutops itoi
DD	ハエ目	カエルキンバエ	Lucilia (Bufolucilia) chini
DD	トビケラ目	ウジセトトビケラ(新称)	Setodes ujiensis
DD	チョウ目	コンゴウミドリヨトウ	Staurophora celsia

		絶滅のおそれのある地域個体群	
ランク	分類群	和名	学名
LP	トンボ目	房総半島のシロバネカワトンボ(f. edai)を含むヒガシカワトンボ	Mnais pruinosa costalis
LP	カメムシ目	宮古島のツマグロゼミ	Nipponosemia terminalis
LP	ハチ目	薩摩半島のアギトアリ	Odontomachus monticola

和名・学名 索引

ア→カ

ア

アオオサムシ Carabus insulicola 069
アオカナブン Rhomborrhina unicolor 038,039
アオクチブトカメムシ Dinorhynchus dybowskyi 150
アオバアリガタハネカクシ Paederus fuscipes 089
アオハダトンボ Calopteryx virgo japonica 141
アオハムシダマシ Arthromacra decora 092
アオマツムシ Calyptotrypus hibinonis 131
アオリンガ Chloephorinae 104
アカアシクワガタ Dorcus rubrofemoratus 029
アカイエカ Culex pipiens 026
アカウシアブ Tabanus chrysurus 023
アカガネサルハムシ Acrothinium gaschkevitchi 057
アカクビナガハムシ Lilioceris subpolita 059
アカスジカメムシ Graphosoma rubrolineatum 151
アカスジキンカメムシ Poecilocoris lewisi 151
アカハネムシ Pseudopyrochroa vestiflua 065
アカホシテントウ Chilocorus rubidus 085
アキアカネ Sympetrum frequens 143
アゲハ Papilonidae 098
アジアイトトンボ Ischnura asiatica 139
アシグロツユムシ Phaneroptera nigroantennata 123
アズマオオズアカアリ Pheidole fervida 021
アトコブゴミムシダマシ Phellopsis suberea 093
アブラゼミ Graptopsaltria nigrofuscata 144
アリヅカコオロギ Myrmecophilus sapporensis 127
イタヤハマキチョッキリ Byctiscus venustus 055
イチモンジセセリ Parnara guttata guttata 099
イネクビボソハムシ Oulema oryzae 059
ウシアブsp. Tabanus sp. 023
ウスアカオトシブミ Apoderus rubidus 053
ウスタビガ Rhodinia fugax 104
ウスバカゲロウ Hagenomyia micans 159
ウスバカミキリ Megopis sinica sinica 045
ウバタマムシ Chalcophora japonica 063
エサキオサムシ Carabus albrechti 068
エゾアオカメムシ Palomena angulosa 151
エゾアザミテントウ Epilachna pustulosa 085
エゾゼミ Tibicen japonicus 145
エゾヨツメ Aglia tau 107
エダナナフシ Pharaortes illepidus 136,137
エンマコオロギ Teleogryllus emma 126
オオアカマルノミハムシ Argopus clypeatus 059
オオアトボシアオゴミムシ Chlaenius micans 071
オオアメンボ Aquarius elongatus 155
オオイシアブ Laphria mitsukurii 024
オオカマキリ Tenodera aridifolia 134,135
オオキベリアオゴミムシ Epomis nigricans 071
オオクワガタ Dorcus curvidens 034,035
オオシママドボタル Lychnuris atripennis 087
オオシモフリスズメ Langia zenzeroides 105
オオスカシバ Cephonodes hylas 103
オオスズメバチ Vespa mandarinia 010,011
オオゾウムシ Sipalinus gigas 051
オオニジュウヤホシテントウ Epilachna vigintioctomaculata 085
オオハサミシリアゲ Panorpa bicornuta 161
オオハサミムシ Labidura riparia 165
オオハナアブ Phytomia zonata 022
オオフタオビドロバチ Anterhynchium flavomarginatum 015
オオホソクビゴミムシ Brachinus scotomedes 070
オオマルハナバチ Bombus hypocrita 009
オオミズアオ Actias artemis artemis 104
オオムラサキ Sasakia charonda charonda 100
オオモンクロベッコウ Anoplius samariensis 015
オキナワクロホウジャク Macroglossum corythus 103
オツネントンボ Sympecma paedisca 139
オナガアゲハ Papilio macilentus 096
オニヤンマ Anotogaster sieboldii 143
オババタル Lucidina biplagiata 087
オンブバッタ Atractomorpha lata 115

カ

カギシロスジアオシャク Geometra dieckmanni 109
カクムネベニボタル Lyponia quadricollis 065
カゲロウの仲間 Ephemeroptera 163
カナブン Rhomborrhina japonica 038
カネタタキ Ornebius kanetataki 131
カブトムシ Allomyrina dichotoma 030,036,037
カマバエsp. Ephydridae sp. 025
ガムシ Hydrophilus acuminatus 077
カメノコテントウ Aiolocaria hexaspilota 082,083
カヤキリ Pseudorhynchus japonicus 121
カワゲラの仲間 Plecoptera 162

カワトンボ Mnais pruinosa 140
カワラバッタ Eusphingonotus japonicus 116
カンタン Oecanthus indicus 130
キアゲハ Papilio machaon 094,095
キイトトンボ Ceriagrion melanurum 139
キイロテントウ Illeis koebelei koebelei 084
キエダシャク Auaxa cesadaria 109
キクビアオハムシ Agelasa nigriceps 057
キスジトラカミキリ Cyrtoclytus caproides 046
キバネツノトンボ Ascalaphus ramburi 156,157
キボシアシナガバチ Polistes mandarinus 013
キボシヒゲナガカミキリ Psacothea hilaris 045
キョウトアオハナムグリ Protaetia lenzi 041
キリギリス Gampsocleis buergeri 118,119
キンイロジョウカイ Themus episcopalis 067
キンバエsp. Lucilia sp. 023
ギンヤンマ Anax parthenope julius 143
クサカゲロウの仲間 Chrysopa sp. 158,159
クサキリ Homorocoryphus lineosus 121
クサヒバリ Paratrigonidium bifasciatum 131
クスサン Calligula japonica 106
クツワムシ Mecopoda niponensis 123
クビキリギス Euconocephalus thunbergii 120
クマゼミ Cryptotympana facialis 147
クマバチ Xylocopa appendiculata 008,009
クリストフコトラカミキリ Plagionotus christophi 046
クルミハムシ Gastrolina depressa 057
クロアゲハ Papilio protenor demetrius 097
クロウリハムシ Aulacophora bicolor 057
クロオオアリ Camponotus japonicus 016,017
クロカタゾウムシ Pachyrhynchus infernalis 051
クロクサアリ Lasius fuliginosus 020,021
クロタマムシ Buprestis haemorrhoidalis 062
クロナガアリ Messor aciculatus 021
クロハナムグリ Glycyphana fulvistemma 041
クロヒラタシデムシ Phosphuga atrata 090
クロヒラタヨコバイ Penthimia nitida 148
クロホシタマムシ Ovalisia virgata 063
クロボシツツハムシ Cryptocephalus signaticeps 061
クロボシヒラタシデムシ Oiceoptoma nigropunctatum 091
クロヤマアリ Formica japonica 018,019
クワガタゴミムシダマシ Atasthalomorpha dentifrons 092
クワカミキリ Apriona japonica 045

クワコ Bombyx mandarina 097
ケラ Gryllotalpa fossor 132,133
ゲンゴロウ Cybister japonicus 076
ゲンジボタル Luciola cruciata 086,087
コアオハナムグリ Oxycetonia jucunda 040
コアシナガバチ Polistes snelleni 013
コイチャコガネ Adoretus tenuimaculatus 043
コウチスズメ Smerinthus tokyonis 107
コオイムシ Diplonychus japonicus 153
コガネムシ Mimela splendens 042
コクワガタ Macrodorcas rectus rectus 029,030
コナラシギゾウムシ Curculio dentipes 048
コバネイナゴ Oxya yezoensis 114
コフキコガネ Melolontha japonica 043
コブナフシ Datames mouhoti 137
コブハサミムシ Anechura harmandi 164,165
ゴマダラオトシブミ Paraplapoderus pardalis 053
ゴマダラカミキリ Anoplophora malasiaca 045
コムライシアブ Choerades komurae 025
コヤツボシツツハムシ Cryptocephalus luridipennis 059
コロギス Prosopogryllacris japonica 124,125

サ

シオヤアブ Promachus yesonicus 025
ジガバチ Ammophila sabulosa 015
シナハマダラカ Anopheles sinensis 027
シマサシガメ Sphedanolestes impressicollis 150
ジョウカイボン Athemus suturellus suturalis 066,067
ショウリョウバッタ Acrida cinerea 112,113
ショウリョウバッタモドキ Gonista bicolor 113
シロオビアカフシナガゾウムシ Mecysolobus nipponicus 051
シロオビナカボソタマムシ Coraebus quadriundulatus 063
シロスジカミキリ Batocera lineolata 044
シロテンハナムグリ Protaetia orientalis submarumorea 040
ジンガサハムシ Aspidomorpha indica 058
スキバホウジャク Hemaris radians 103
スゲハムシ Plateumaris sericea 059
スジカミキリモドキ Chrysanthia viatica 093
スジグロベニボタル Pristolycus sagulatus 065
スジブトヒラタクワガタ Serrognathus costatus 029

スズバチ Oreumenes decoratus 015
スズムシ Meloimorpha japonica 128,129
スミナガシ Dichorragia nesimachus 101
セグロアシナガバチ Polistes jadwigae jadwigae 012,013
セスジツツハムシ Cryptocephalus parvulus 059
セダカシャチホコ Rabtala cristata 105
セッケイカワゲラ Eocapnia nivalis 163

タ

タイコウチ Laccotrephes japonensis 153
タガメ Lethocerus deyrollei 152
タマムシ Chrysochroa fulgidissima 062
タンボオカメコオロギ Loxoblemmus aomoriensis 127
チッチゼミ Cicadetta radiator 147
ツシマヒラタクワガタ Serrognathus platymelus 029
ツダナナフシ Megacrania alpheus 137
ツチイナゴ Patanga japonica 115
ツヅレサセコオロギ Velarifictorus mikado 127
ツノトンボ Hybris subjacens 157
ツマグロオオヨコバイ Bothrogonia ferruginea 148
ツマグロキンバエ Stomorhina obsoleta 023
ツマベニチョウ Hebomoia glaucippe 097
ドウガネブイブイ Anomala cuprea 043
トガリバsp.Thyatiridae sp. 105
トゲアリ Polyrhachis lamellidens 021
トックリバチ Eumenes micado 014
トノサマバッタ Locusta migratoria 110,111
トビイロケアリ Lasius niger 021
トビイロツノゼミ Machaerotypus sibiricus 149
トビナナフシ Micadina phluctaenoides 137
トビモンオオエダシャク Biston rubustus 108
トホシテントウ Epilachna admirabilis 084
トホシハムシ Gonioctena japonica 060
トラフカミキリ Xylotrechus chinensis 046
トラフトンボ Epitheca marginata 143
ドロハマキチョッキリ Byctiscus puberulus 054,055

ナ

ナシグンバイ Stephanitis nashi 149
ナナフシ Phraortes elongatus 136
ナナホシテントウ Coccinella septempunctata 080,081
ナミオトシブミ Apoderus jekelii 053
ナミテントウ Harmonia axyridis 078,079
ニイニイゼミ Platypleura kaempferi 147
ニホンベニコメツキ Denticollis nipponensis 064
ニホンミツバチ Apis cerana 007
ノコギリクワガタ Prosopocoilus inclinatus 032,033

ハ

ハイイロチョッキリ Mechoris ursulus 049
ハグロトンボ Calopteryx atrata 140
ハタケヤマヒゲボソムシヒキ Gyrpoctonus hatakeyamae 024
ハチモドキハナアブ Monoceromyia pleuralis 023
ハネカクシの仲間 Staphylinidae 088,089
ハネナシコロギス Nippancistroger testaceus 125
ハヤシノウマオイ Hexacentrus japonicus japonicus 123
ハラオカメコオロギ Loxoblemmus arietulus 127
ハルゼミ Terpnosia vacua 147
ハンミョウ Cicindela chinensis 072,073
ヒグラシ Tanna japonensis japonensis 145
ヒゲコガネ Polyphylla laticollis 043
ヒシバッタ Tetrix japonica 117
ヒトスジシマカ Aedes albopictus 027
ヒメアトスカシバ Paranthrene pernix 047
ヒメオオクワガタ Nippondorcus montivagus 035
ヒメカマキリモドキ Mantispa japonica 047
ヒメシロコブゾウムシ Dermatoxenus caesicollis 050
ヒメツノカメムシ Elasmucha putoni 151
ヒメトラハナムグリ Lasiotrichius succinctus 041
ヒメヒラタシデムシ Thanatophilus sinuatus 091
ヒメベッコウ Auplopus carbonarius 015
ヒメマイマイカブリ Damaster blaptoides oxuroides 068
ヒメヤママユ Caligula jonasii 107
ヒラタクワガタ Dorcus platymelus 029,031
ヒラタシデムシ Silpha paerforata 090
ビロウドコガネ Maladera japonica 043
ビロードスズメ Rhagastis mongoliana 096

フタモンアシナガバチ Polistes chinensis antennalis 013
ブドウトラカミキリ Xylotrechus pyrrhoderus 047
フトナガニジゴミムシダマシ Ceropria laticollis 093
プライヤシリアゲ Panorpa pryeri 160
ベニカミキリ Purpuricenus temminckii 064
ベニキジラミ Psylla coccinea 149
ベニシジミ Lycaena phlaeas daimio 099
ヘビトンボ Protohermes grandis 157
ホウジャク Macroglossum stellatarum 103
ホシホウジャク Macroglossum pyrrhosticta 102
ホソフタホシメダカハネカクシ Stenus alienus 089

マ

マガリケムシヒキ Neoitamus angusticornis 025
マダラアシゾウムシ Ectatorhinus adamsii 051
マツムシ Xenogryllus marmoratus 131
マツモムシ Notonecta triguttata 151
マルガタゲンゴロウ Graphoderus adamsii 077
マルクビツチハンミョウ Meloe corvinus 074,075
ミカドアゲハ Graphium doson 097
ミクラミヤマクワガタ Lucanus gamunus 031
ミズカマキリ Ranatra chinensis 155
ミツカドコオロギ Loxoblemmus doenitzi 127
ミツノエンマコガネ Onthophagus tricornis 043
ミツバチ Apis mellifera 006,007
ミミズク Ledra auditura 148
ミヤマカミキリ Massicus raddei 045
ミヤマカラスアゲハ Papilio maackii 096
ミヤマカワトンボ Calopteryx cornelia 141
ミヤマクワガタ Lucanus maculifemoratus 028〜031
ミヤマセセリ Erynnis montanus 099
ミンミンゼミ Oncotympana maculaticollis 146,147
ムツモンオトシブミ Apoderus pracellens 052,053
ムナキルリハムシ Smaragdina semiaurantiaca 057
ムネアカオオアリ Camponotus obscuripes 021
メクラアブ Chrysops suavis 023
メスアカフキバッタ Parapodisma tenryuensis 115
モノサシトンボ Copera annulata 138
モモブトカミキリモドキ Oedemeronia lucidicollis 093
モモブトシデムシ Necrodes nigricornis 090

モンキジガバチ Sceliphron deforme 015
モンキチョウ Colias erate poliographus 099
モンシロチョウ Pieris rapae crucivora 098

ヤ

ヤツボシツツハムシ Cryptocephalus japanus 061
ヤブキリ Tettigonia orientalis 122,123
ヤホシゴミムシ Lebidia octoguttata 071
ヤマトシリアゲ Panorpa japonica 161
ヤマトハキリバチ Megachile japonica 009
ヤマトモンシデムシ Nicrophorus japonicus 091
ヤマトヤブカ Aedes japonicus 026
ヤママユ Antheraea yamamai 106
雪虫（ワタムシ）Eriosoma lanigerum 149
ヨツスジハナカミキリ Leptura ochraceofasciata 047
ヨツボシナガツツハムシ Clytra arida 061
ヨツボシヒラタシデムシ Dendroxena sexcarinata 090

ラ

リュウキュウハグロトンボ Matrona basilaris 141
ルリイトトンボ Enallagma boreale 139
ルリハムシ Linaeidea aenea 057
ルリボシヤンマ Aeschna juncea 142
ルリマルノミハムシ Nonarthra cyanea 057

海野和男
(うんの かずお)

1947年、東京都生まれ。昆虫を中心とする自然写真家。もの心ついたころから昆虫の魅力にとりつかれ、少年時代は蝶の採集や観察に明け暮れる。東京農工大学・日高敏隆研究室で昆虫行動学を学ぶ。大学時代に撮影した「スジグロシロチョウの交尾拒否行動」の写真が雑誌に掲載され、それを契機に、フリーの写真家の道を歩む。主なフィールドは東京都心、アトリエのある長野県小諸市、アジア・アメリカの熱帯雨林。年間約100日を海外で、100日以上を国内での撮影や観察に費やしている。
自然科学写真協会副会長、日本昆虫協会理事、日本写真家協会会員

主な著書
『世界珍蝶図鑑（熱帯雨林編）』小社刊
『昆虫の擬態』平凡社、1994年日本写真協会年度賞受賞
『蝶の飛ぶ風景』平凡社
『大昆虫記』データハウス
『ぼくの東京昆虫記』丸善
『マルチメディア昆虫図鑑』（CD‐ROM）アスキー
『蛾蝶記』福音館書店

写　真　海野和男写真事務所

昆虫顔面大博覧会

著　者　海野和男
発行者　麻生定夫
編集者　吉元克昭
発行所　株式会社　人類文化社
発売元　株式会社　桜桃書房
　　　　〒153-0051　東京都目黒区上目黒1－18－6
　　　　　　　TEL　03（3792）2411　（営業部）
　　　　　　　　　　03（5722）7460　（編集部）
組　版　株式会社　フジ・アート
製　版　桜桃書房　製版部
印　刷
製　本　太陽印刷　株式会社

定価はカバーに表示しています。落丁・乱丁はお取替え致します。
ⓒ2001　Kazuo Unno　Printed in japan
ISBN4－7567－1202－9　C0645